U0045159

Fashion Illustration-Styling & Makeup

整體時尚造型彩妝畫

連禾 編著

序

好高興在新書“時尚整體造型彩妝畫”又再度與您見面了~

距離上次(時尚設計系列~服裝畫)書籍的出版至今已睽違七年之久！在這段教畫期間裡除了原本服裝設計畫之外，也因應課程規劃而延伸到時尚造型彩妝畫等教學，出書對目前自己來說，是將設計理念和多年實務經驗結合，書內繪製的作品，是匯集了在設計工作與教學上的心得分享。

時尚彩妝造型畫是運用平面紙圖，來傳達造型的原創構思，爲提昇彩妝感與造型設計表達力，採用全手繪的方式來強調出整體感，本書中所示範及教學內容，均以循序漸進的方式，從素描基礎概論、構圖、上色到整體創作，將設計圖的繪製模式以實用又兼具美感的筆法，結合時尚流行與設計創意，應用流行色彩搭配，以彩妝品、粉彩及色鉛筆等各種繪畫著色工具融合運用，講究精緻設計風格，表現專業繪畫技巧，讓整體造型創作能以更時尚設計化的效果呈現！

在此由衷感言~每當興趣轉爲工作時自感壓力倍增，但也因爲有您的閱讀與長期支持才能讓我有繼續開啓著作的動力！還要深深感謝海外工業股份有限公司董事長林學存先生、正修科技大學彩妝系主任許清雲博士，以及崇右技術學院時尚造型設計系(全華圖書顧問)陳幼珍老師特地爲本書寫推薦序。最後承蒙全華圖書公司大力支持與編輯部王博昶主任和同仁們協助企劃才能順利出版。再度感謝大家，眞的非常謝謝您們！

連禾

推薦序

連禾小姐曾在我公司內銷部任服裝設計師一職，期間她優秀聰明，才華橫溢，踏實敬業，不懈進取，她對美的事物特別感興趣，喜歡自小處著眼。

讀了她的(時尚整體造型彩妝畫)，發現其心血功力獨到之處，甚感欽佩。熱情洋溢的筆觸、細膩的心思，淋漓盡致的表現出她心中所涵醞的柔和美。此大作亦即連禾自身內涵文化的吐吶，沒有過多修飾，卻在畫質上保留高層次性靈的美感，畫面的顯現處，格外引人入勝，色面的應用，除了對比色彩巧妙的安排外，近似心緒隨筆的色相交融，使畫面傾向充滿感性情調。

我眞爲她驕傲，她使職涯目標和個人目標完美結合，終極價值得以實現。這本她心血灌漑的結晶，爲生活實踐的美學而盡情發揮，也是一本值得整體時尚造型業界奉爲圭臬的參考書，除了親切易懂，更留下驚豔的感受！她的作品感動著我，不是因爲她筆下的圖象，而是她獨特的眼光中的另一個世界。

海外工業股份有限公司董事長 林學存

推薦序

化妝是什麼？造型又是什麼？
翻開連禾老師的《時尚整體造型彩妝畫》一書給了我許多啓發，她從臉部五官、臉型輪廓的基礎畫法、延伸至髮型的概念、彩妝的色彩與技法等等，是一種整體的時尚造型發想，每個在她筆下蘊化出來的 Lady models 都富有極其夢幻迷人輕盈的氣質，與魅力獨具的性格，令人嚮往。

化妝，並不是拿一支筆刷不假思索的直接往臉上塗抹，造型，也不是有什麼補什麼的把自己裝綴成一顆聖誕樹。連禾老師教的是「整體造型素描」，也就是針對彩妝造型前畫的草圖，這樣的草圖至少有兩種功用，一是在正式化妝前提供（被）梳化者做出相對合宜的造型，避免出錯。不過，如果你有時間一一賞閱連禾老師的每一幅作品，會發現到「造型素描」遠遠超出了你的想像。

著一席絲緞面料長禮服的女仕，傾側著一頭中長髮隨風揚逸，高雅的耳後髮間是兩朵浪漫的玫瑰；微仰的女人臉上畫以紫色調眼影、低調朱色的口紅，乾淨的臉龐配一圈細金屬大弧形的耳環。甜美、冷酷、無所謂、期待……各種女仕的表情生動，見到她們的僅僅只是一顰一笑，彷彿你已來到她們的內在世界。原來化妝，背後代表的是一種人與人的情感交流。這又是連禾老師創意的極致表現。

連禾老師的作品所分享的是：化妝是呈現、強化出人的美，同時化妝更在表達人的一種心情、詮釋一個人的性格。在服裝業和教學業界享有盛名的連禾老師，亦在學校開設一門「時尚造型素描」課程，相信在她的教學教導下，有志於彩妝與整體造型的同學們不只能學到素描與繪畫技法基本功的訓練，更能從「素描創作」上領略想像力的天馬行空、那樣繽紛創意的揮灑所帶來的樂趣與吸引力，找到自己對彩妝的眞正詮釋觀點，那便是人們對美的永恆想像與追求。

正修科技大學 化妝品與時尚彩妝系主任 許清雲

目次 CONTETS

髮型基本概念與畫法

彩妝畫的色彩

彩妝畫技法

作品賞析

前　言

前言

　　時尚彩妝畫是從一般設計草圖延伸到結合髮型和服飾的整體造型畫作及表現，有別於人像素描畫法，是以時尚潮流爲主所繪製的專業設計圖，講求創意設計與整體搭配，透過繪畫技法，可以具體將設計概念完整呈現，可說是傳達設計意念與構思的重要媒介。在此分別以彩妝畫的新定義、彩妝畫與美容美髮的關聯性和彩妝畫的應用，來加以說明。

●手繪人像素描

●手繪時尚彩妝畫

●精緻手繪人像素描

彩妝畫的新定義

一般「彩妝畫」的使用範圍，大都是以紙圖練習居多，它的畫法有一定的表現模式，方便設定採評分的標準。

「時尚彩妝畫」的繪畫方式是以流行趨勢爲主題，在技法上表現須以線條的構圖和掌握色彩的光線等要素，來畫出具有眞實感和立體感的精緻設計圖，藉此展現完美的造型設計概念！

●彩妝設計圖

●現代復古風造型彩妝畫

●頭飾造型彩妝畫

彩妝畫與美容美髮的關聯性

涵蓋整體造型的彩妝畫設計圖，在此不僅只是單一的紙上彩妝著色，其延伸範圍可包含髮型、配飾和服裝等設計。爲了讓大家更清楚了解時尚彩妝畫對美容與髮型相互的關聯性，以下就對此做進一步的分析說明。

■時尚彩妝畫與美容彩妝

結合生活的彩妝兼具流行和實用性，透過專業彩妝技法能將人的臉形與五官修飾的更加完美，打造出亮麗的妝容，更增添個人特色與魅力！而每年彩妝流行發展趨勢均以國際時裝發表爲前題，搭配衍生出整體彩妝設計。因此如果在設計前先以手繪設計圖方式來表現出彩妝設計重點，能更加有效做爲前置作業時的參考依據。

彩妝畫與眞人化妝序法一樣，依序繪上膚底色、眼妝色系，眼線畫法，睫毛和眉型描繪及腮紅的修容等。通常紙上設計圖是平面式的，但人體臉部是立體的，如能練習將平面式設計圖畫出臉

●彩妝設計畫表現

●彩妝紙圖設計

部立體度，對日後應用在實際人體彩妝上，將更容易掌握完美立體彩妝呈現！

■時尚彩妝畫與髮型

所謂髮型是針對人的頭形和臉型，設計出適合個人的髮型樣式，應用髮型線條來修飾各種臉型與頭型的一些小缺點。一款適合個人的髮型，不但可使自己在整體造型上產生加分效果，亦可帶來自信的提升。由此可知，髮型設計在整體造型上的重要性了。對於在各式各樣變化萬千的流行髮型裡，想要掌握其設計構思的靈感發想，一樣可事先透過手繪設計圖的表現方式，直接將髮型的線條及髮流層次，甚至是髮色一一具體的加以呈現，並進一步達到剪、燙、染各式美髮造型的預設效果！

●造型髮妝設計畫～直髮表現

●造型髮妝設計畫～捲髮表現

彩妝畫的應用

時尚彩妝畫與一般繪畫一樣是以技法來表現，所以也會因畫材及畫風不同而呈現出細膩、簡約或抽象等各項的風格。在此除了可供專業上使用的設計圖外，也可因不同時尚設計領域而繼續延伸出更多元化的繪圖運用。

●整體造型裝飾畫（指導學生比賽得獎作品）

■彩妝設計圖

一般對彩妝圖運用上的基本認知，是以彩妝設計爲主，包含膚色、彩妝色系配色、眼型與眉型畫法，除可提供練習修飾臉形之外，也可將它應用在創意彩妝設計圖及整體造型裝飾畫等各類創意作品的表現。

●創意彩妝設計圖（指導學生比賽得獎作品）

●整體造型裝飾畫（指導學生比賽得獎作品）

■時尚插畫

時尚插畫是一種兼具藝術風格與商業廣告特質的創作表現，主要融合流行型態和生活文化等創作主題，其中包含了彩妝、髮型、飾品及服裝和圖面背景所構成的整體插畫風格，最能吸引人們目光的焦點。它的用途甚廣，除了在美容、美髮和彩妝與服裝之外，珠寶飾品設計也是此畫的另一種運用途徑。在設計領域裡，若能專精應用手繪設計圖，便可成就實踐創意構思時的最佳表現。

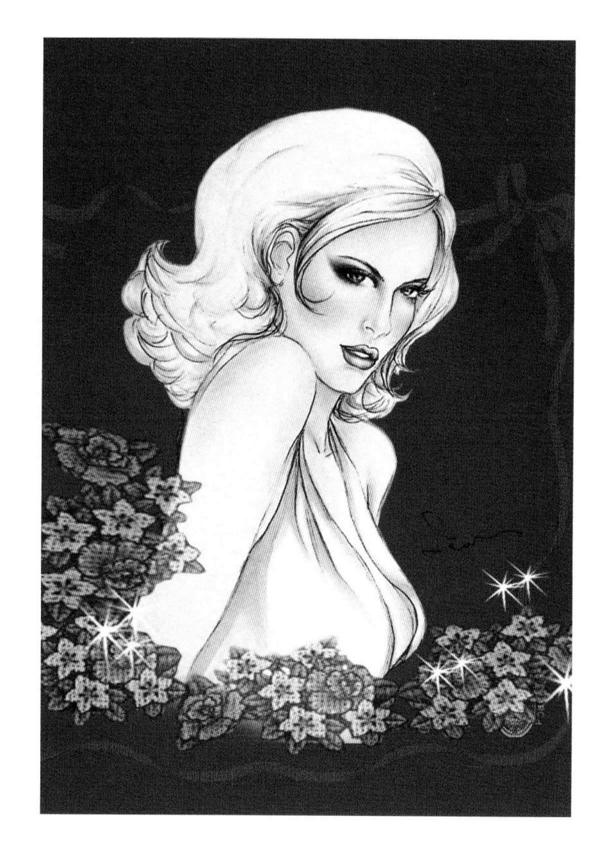

●時尚插畫

●飾品設計圖表現

●珠寶設計圖表現

●時尚插畫

臉部的基礎畫法

臉部的基礎畫法

人體五官在彩妝畫中的表現，可能不像人物肖像寫實畫那般眞實，但還是須將人物特徵描繪出來，基本上只要用簡化的線條來勾勒出五官的形象即可！描繪時也要掌握頭面轉向動態要點，頭與頸部的動作是互相有關聯性的，可先將頭部簡化成蛋形再把頸部簡化立筒形，頭面轉向基本練習畫法就是由此延伸。

五官比例

以下分別就基本正面、斜側面、側面、來示範其畫法。

●斜側面練習

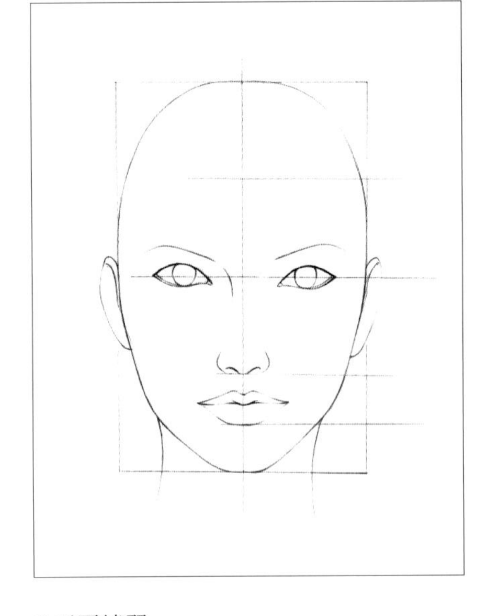

●正面練習

●側面練習

■五官正面

●臉部蛋形比例長寬爲 3:2，將寬面分成兩等分，二分之一分線爲臉部中心線；再將長度分爲四等分，以四分之三分線爲鼻尖位置，再將最下面的四分之一水平分成兩等份，中線即爲唇底線。

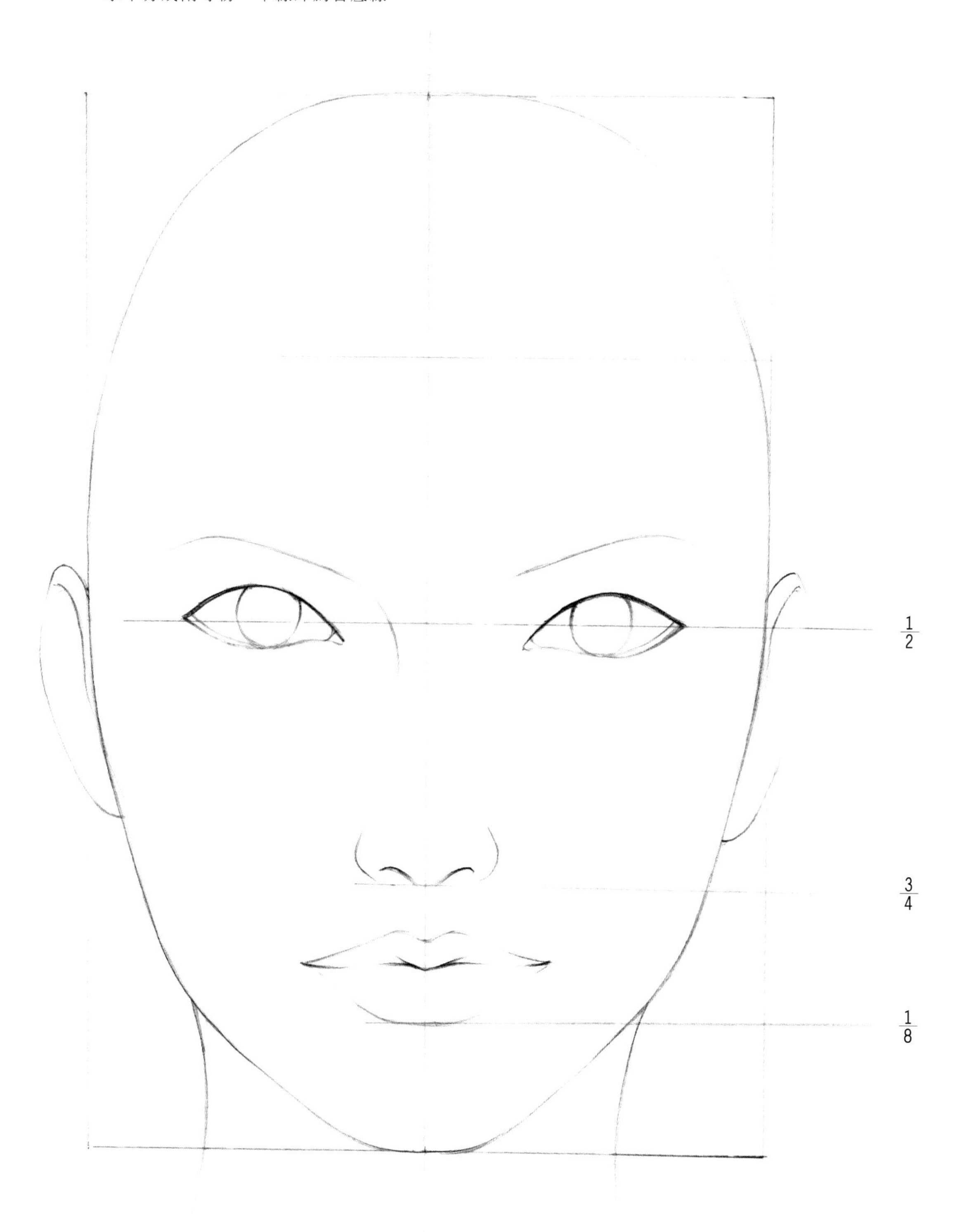

■五官斜側面

●蛋形比例長寬為 3:2，將寬面分成四等分，四分之一分線為臉部中心線，再將長度分為四等分，以四分之三分線為鼻尖位置，再將最下面的四分之一水平分成兩等份，中線即為唇底線。

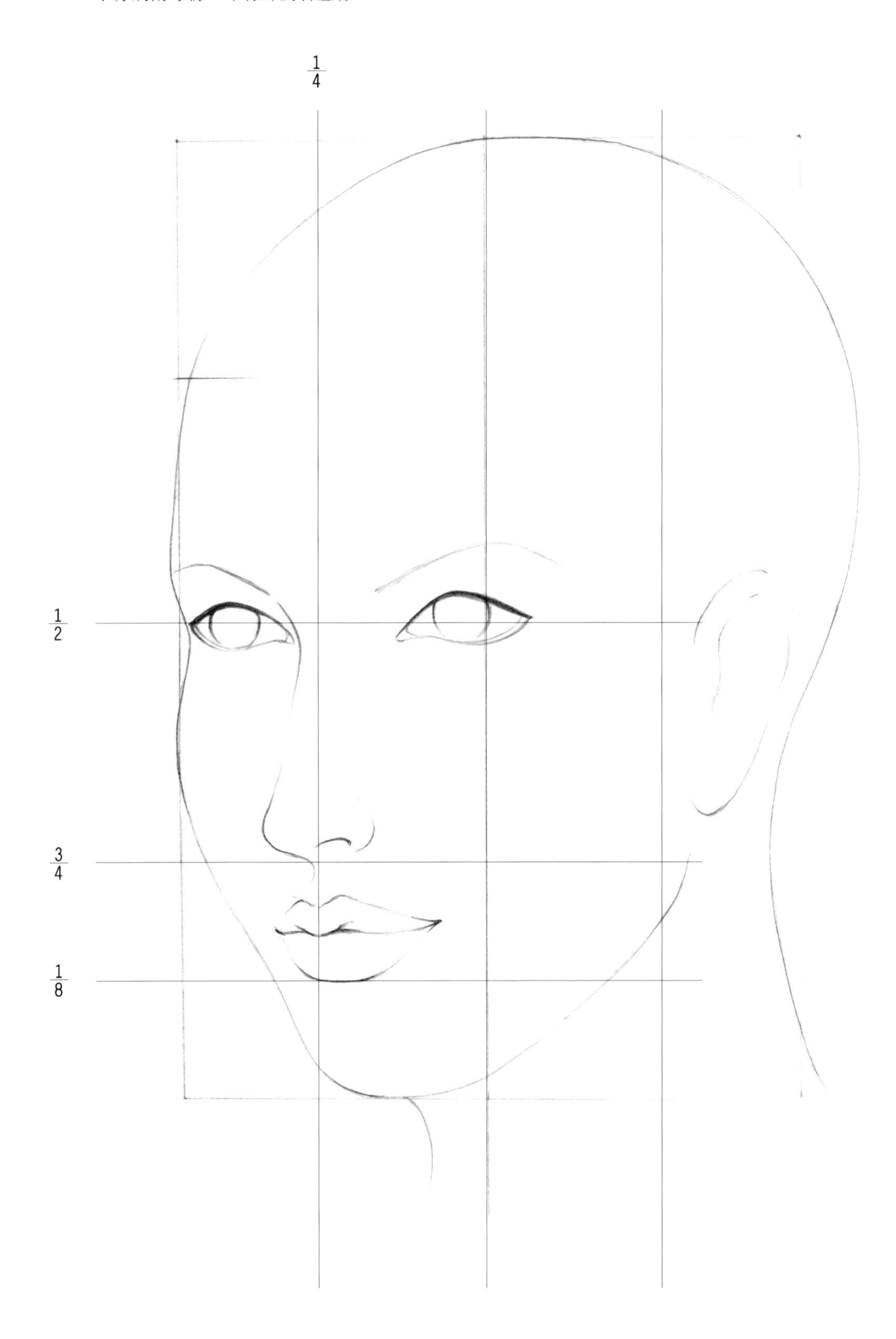

■五官側面

●蛋形比例長寬爲 3:2，將寬面分成兩等分，二分之一分線爲臉部中心線，再將長度分爲四等分，以四分之三分線爲鼻尖位置，再將最下面的四分之一水平分成兩等份，中線即爲唇底線。

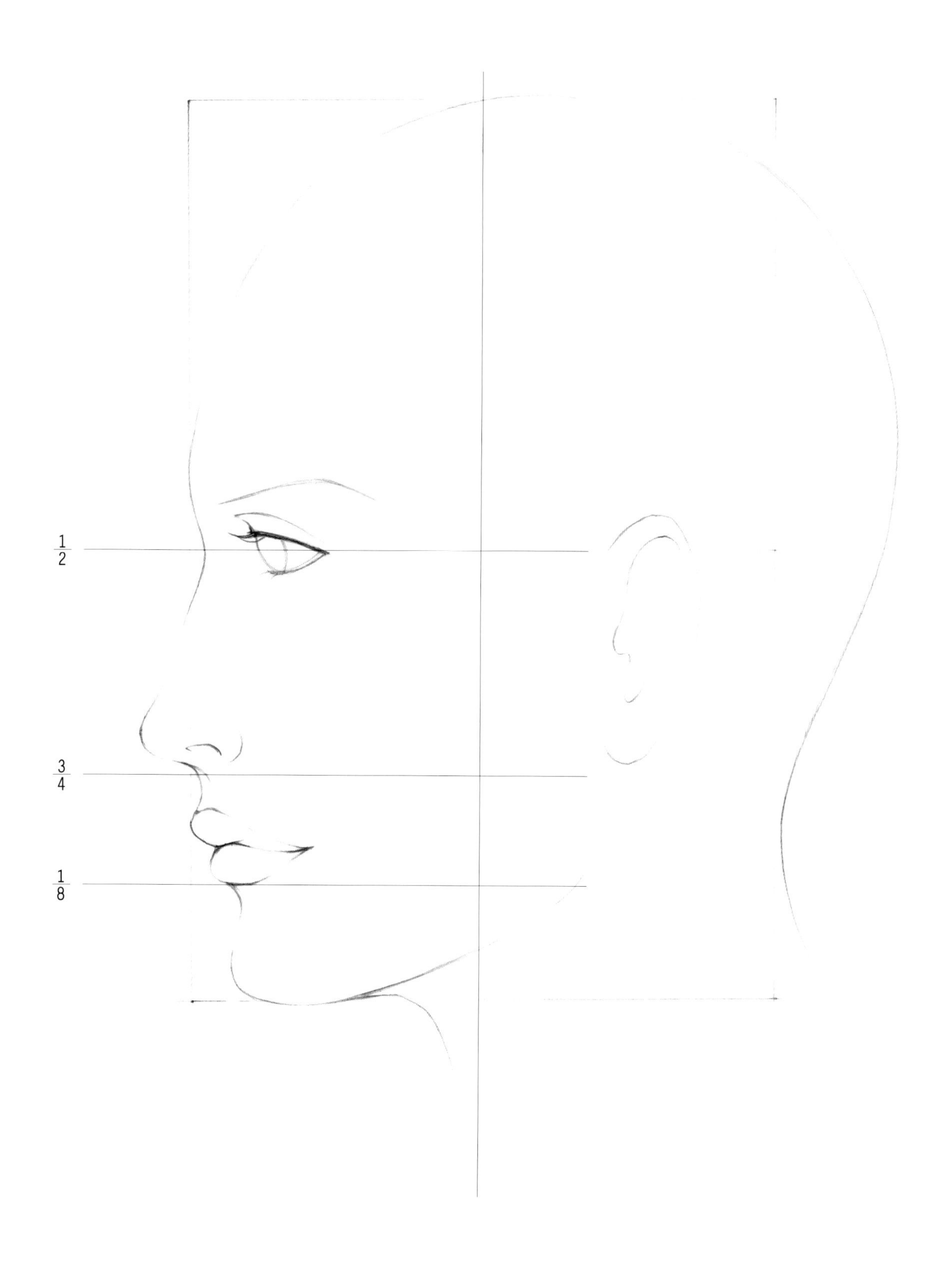

眼睛

眼睛是人體臉部五官中「傳情」的部份，而「眼睛是靈魂之窗」更進一步說明從人的眼睛中可觀察到喜、怒、哀、樂的心情。因此在畫眼睛的時候，眼神的描繪就顯得格外重要，尤其要將明眸表現出來才完美。至於彩妝畫中眼睛的部位要因人物的臉形比例，轉向位置，及眼睛的光點來顯現人物的神韻。

■眼睛正視

●兩眼之間的距離以一隻眼的寬度爲基準。

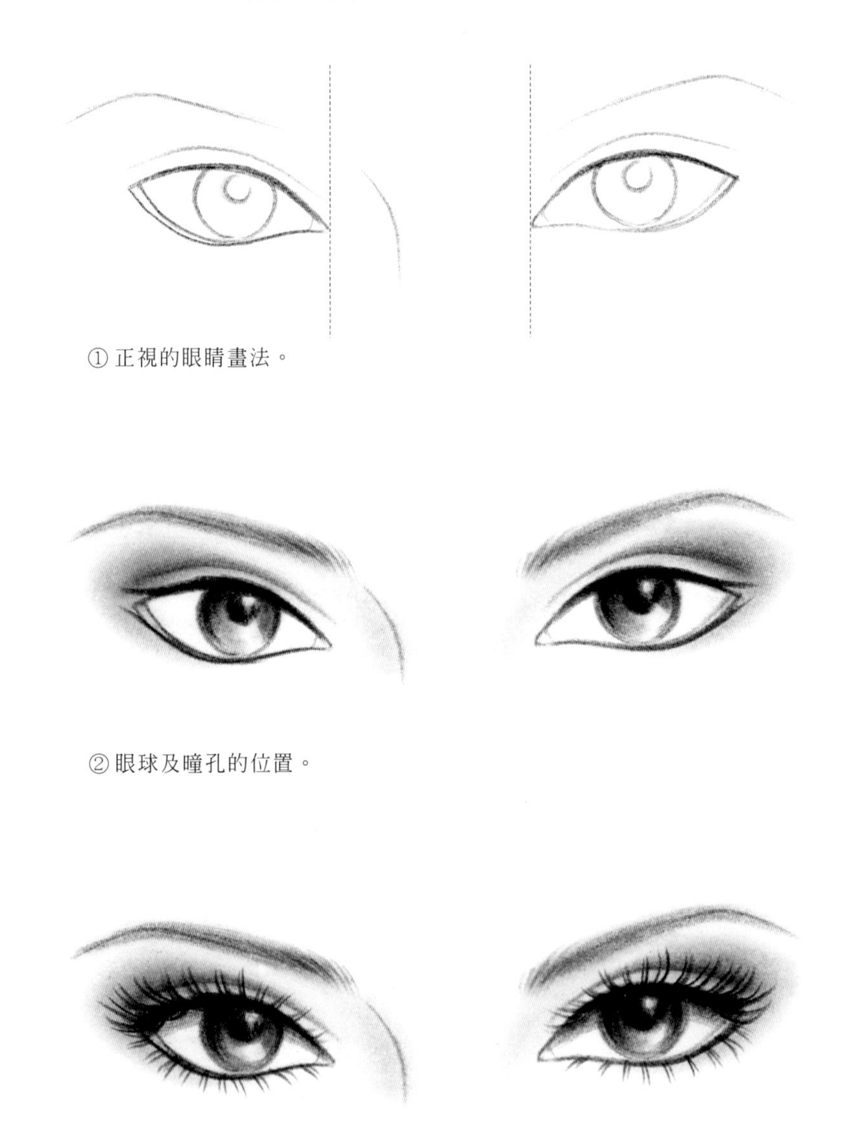

① 正視的眼睛畫法。

② 眼球及瞳孔的位置。

③ 睫毛以細膩筆觸的放射線條由內向外畫出瞳孔受光點，再用紙筆將陰影暗面擦出即完成。

■眼睛斜側視

①斜側眼睛畫法。

②眼球及瞳孔的位置因斜側的關係，畫睫毛時要加長線條之後再用紙筆將陰影暗面擦出即完成。

■眼睛側視

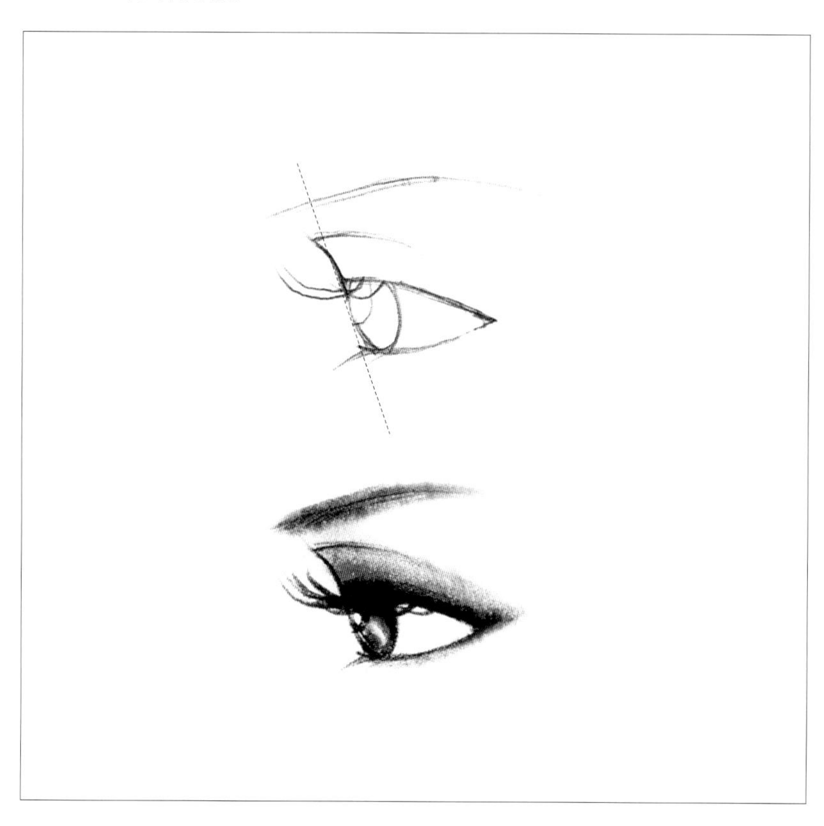

①畫側視時，上眼線往外斜。

②注意眼球及瞳孔的位置，睫毛橫向前畫再往上微翹，再用紙筆將陰影暗面擦出即完成。

鼻子

鼻子在臉部正中心的位置，也是最立挺的部份。因此在描繪臉部鼻子時著重於鼻形，方向及陰影的表現。

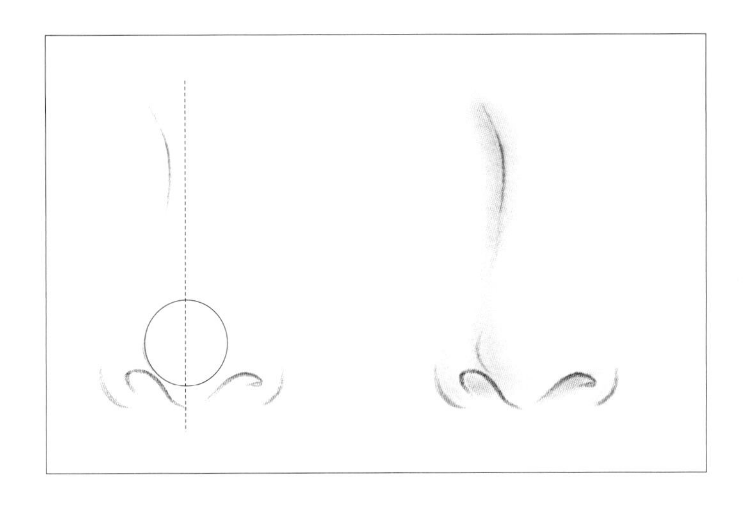

■鼻子正面

①畫出鼻形線稿，以圓形爲鼻頭中心點。再對稱的畫出左右鼻翼位置。

②用紙筆將鼻子陰影暗面擦出即完成。

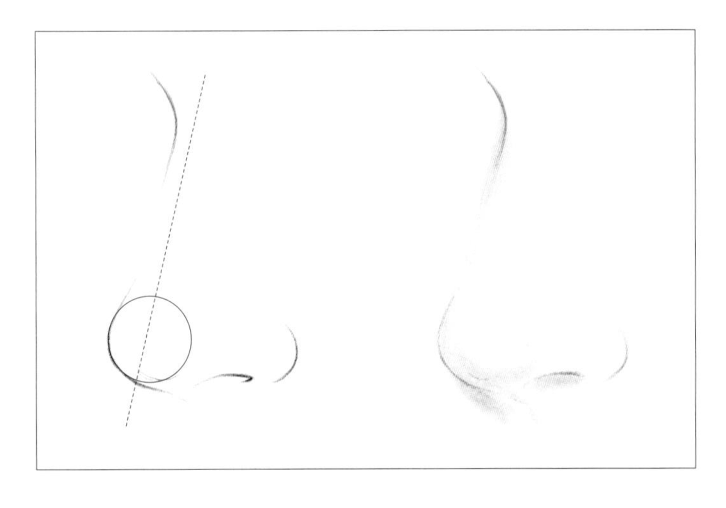

■鼻子斜側面

①畫出鼻形線稿，再以二分之一分法繪出鼻尖與人中的位置。

②用紙筆將鼻子陰影暗面擦出即完成。

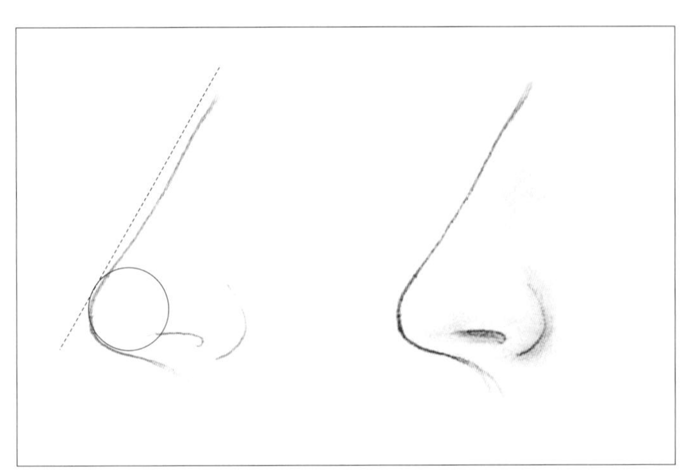

■鼻子側面

①畫出鼻形線稿，以圓形爲鼻頭，再畫出人中的位置。

②用紙筆將鼻子陰影暗面擦出即完成。

嘴唇

嘴唇是動態表情器官之一，在描繪時要將唇形勾勒出來並加畫上陰影，便可以表現出唇部的豐盈感。

■嘴唇正面

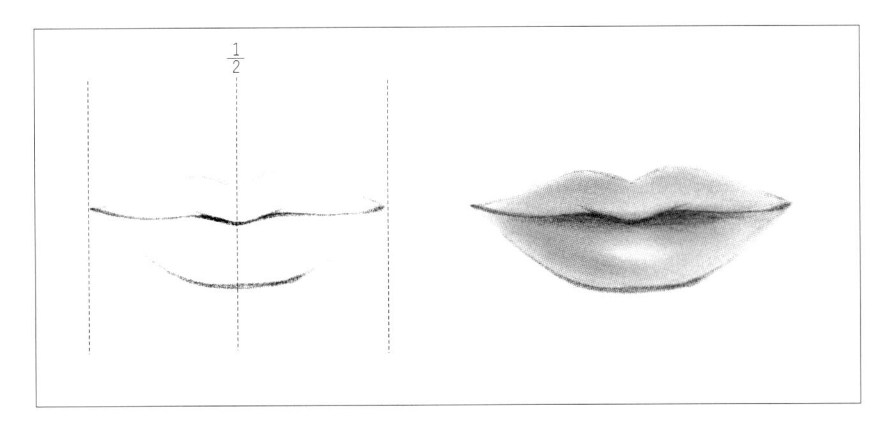

①先以二分之一比例畫出唇形。

②用紙筆擦出陰影，並留出光澤部份即完成。

■嘴唇斜側面

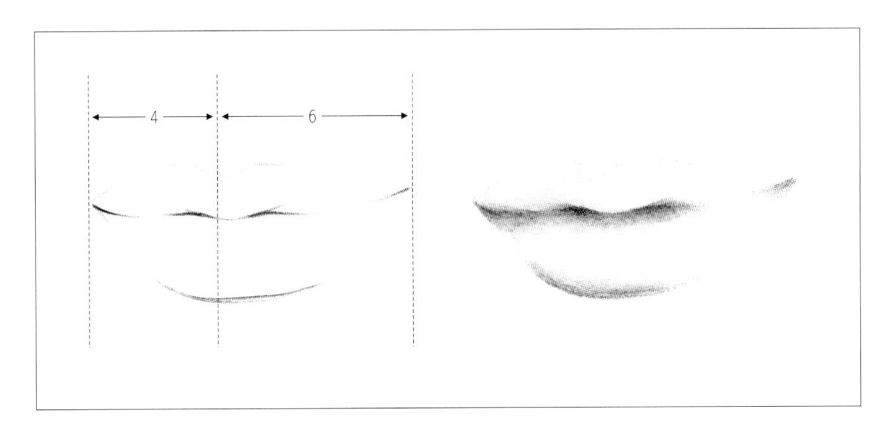

①先以四比六比例畫出唇形。

②用紙筆擦出陰影，並留出光澤部份即完成。

■嘴唇側面

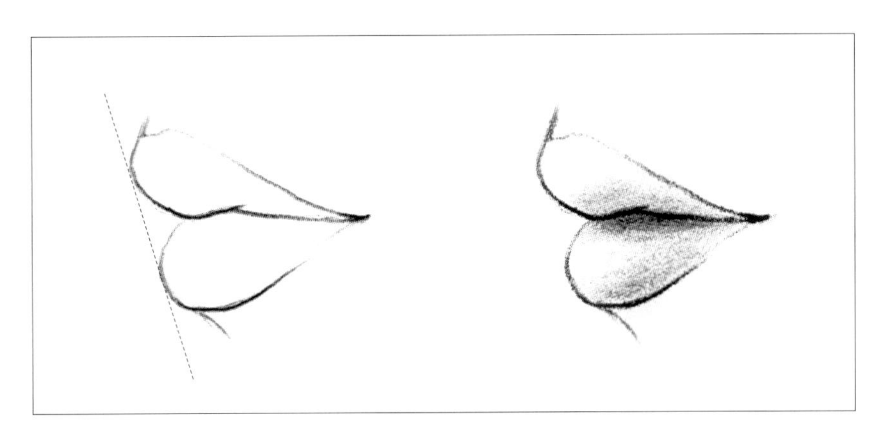

①上唇較下唇稍微突出。

②用紙筆擦出陰影，並留出光澤部份即完成。

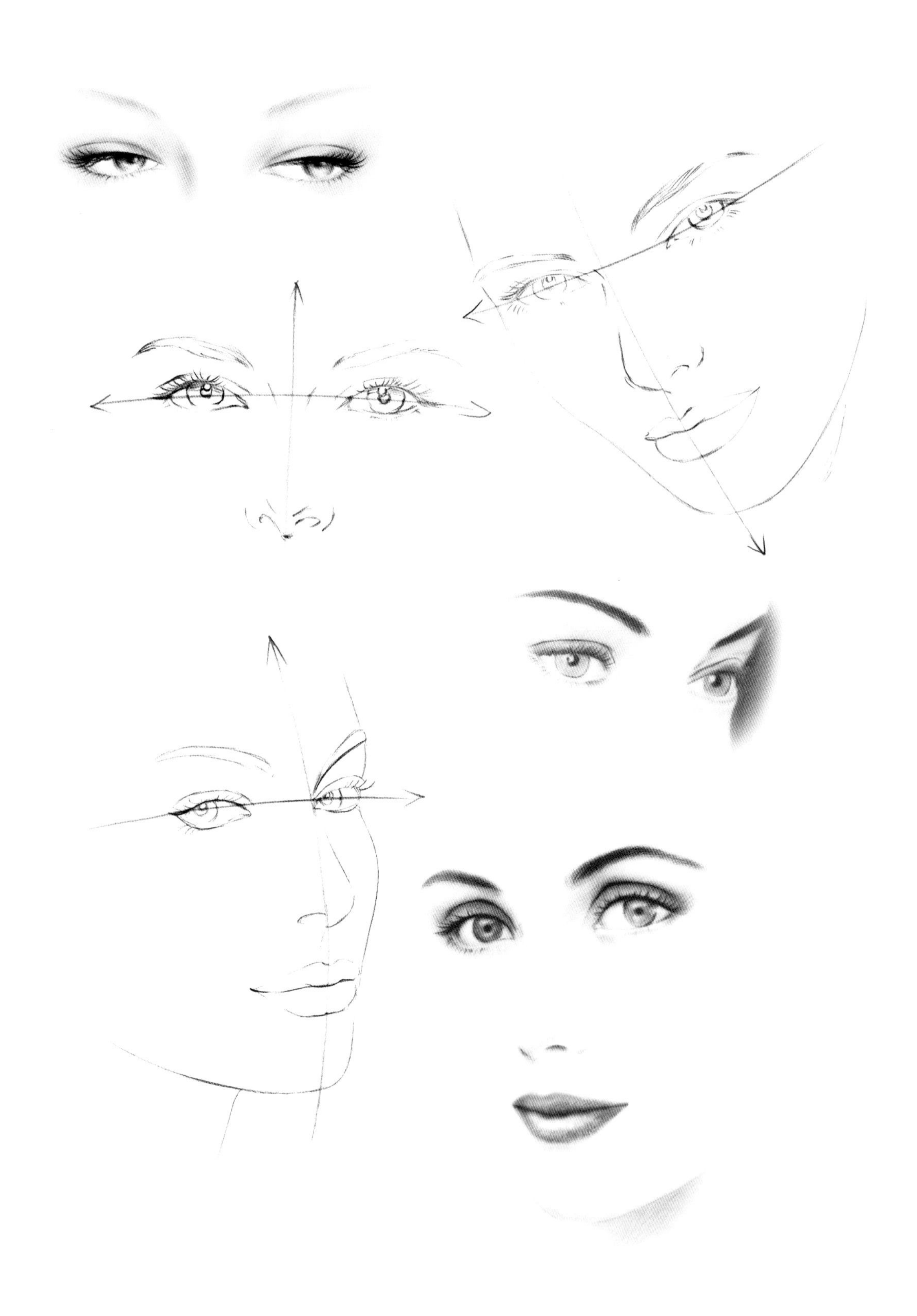

●各式五官臉部表情的構圖與素描表現。

時尚繪畫構圖素描

時尚繪畫構圖素描

手繪式的「時尚彩妝畫」它的繪畫基礎構圖方式有別於人像美術素描畫法，是一種結合了時尚、流行與設計創意的繪畫表現！適用於商業設計圖描繪，其著色材料工具可使用一般畫圖所用的軟性粉彩、色鉛筆或美容彩妝用品眼影盤，均可以將彩妝畫所要表現設計妝感發揮的淋漓盡致。

頭型描繪基本比例畫法

一般在頭型的基本構圖方法上，除了打格子方式之外，還可使用水平直線的構圖法來描繪，要下筆時先以目測將頭型尺寸，比例畫出一個簡易的倒立蛋形輪廓線，再仔細修飾出頭形與臉部的肌肉線條，而學習任何繪畫的開始都是從素描練習來著手，其技巧愈好畫出的圖像也就愈具有眞實感，在此就是應用素描繪畫手法來帶入時尚造型彩妝畫的繪製表現，這樣便不會被平面設計圖的畫法侷限，可更豐富於時尚、整體、造型等設計創作的呈現。下面分別就基本正面、斜側面、側面來示範其表現畫法。

●打格子構圖法

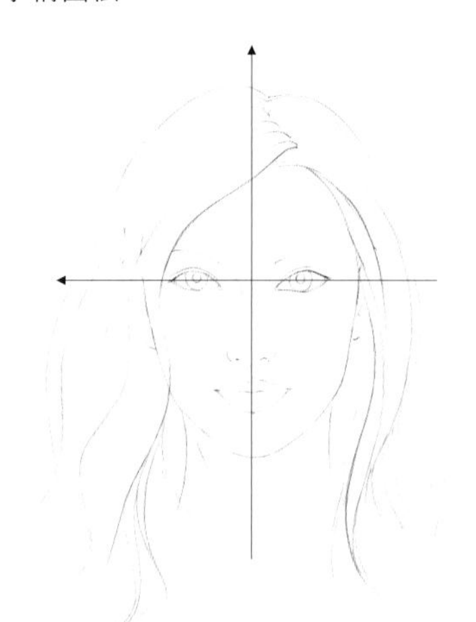

●水平直線構圖法

●素描完成圖

正面頭向練習

■正面臉形畫法

頭形描繪是先以倒立蛋型輪廓做爲標準，而五官比例則採取二分之一分法爲基礎練習的要點，如圖所示。

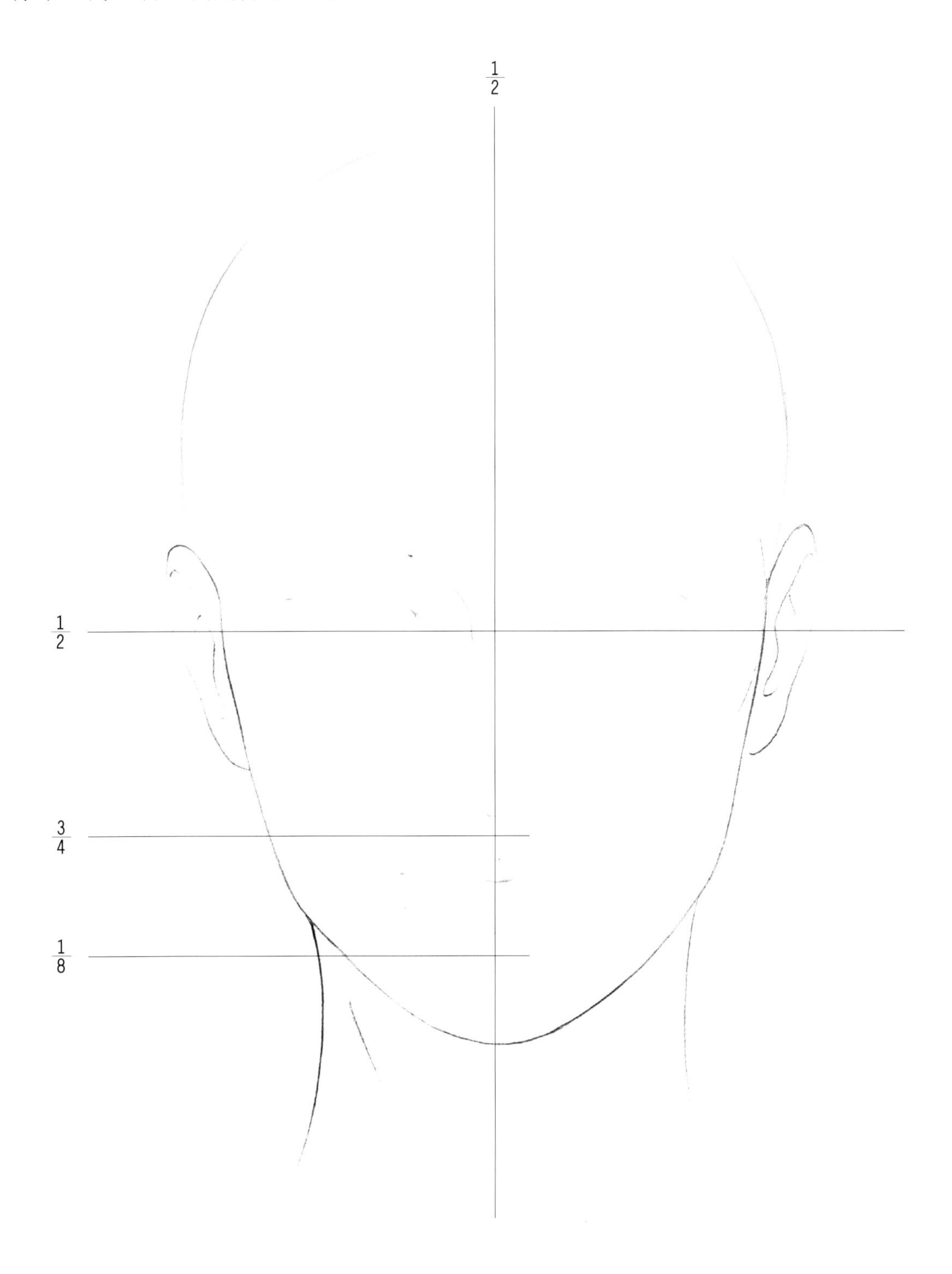

■正面五官的描繪步驟解析

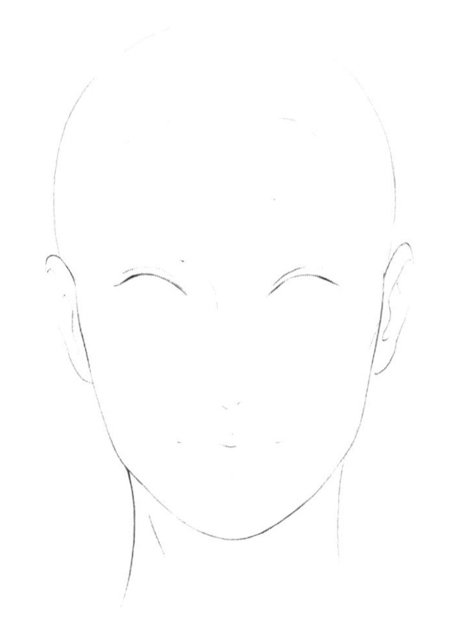

①

a.先標記五官位置點，畫出上眼線和雙眼皮線條。

②

a. 從眼尾連接畫下眼線，完成眼形。

b. 鼻子先畫出鼻尖和鼻樑線。

③

a.畫出圓形眼球，鼻子。

b.再畫出兩側鼻翼。

c.再畫出唇中心線。

④

a.畫出瞳孔及受光點。

b.完成鼻型畫法。

c.畫出唇形。

■正面示範圖（線條稿）

■臉部繪畫與著色步驟解析圖

①先以髮分線爲基準點，畫出髮流走向，線條延伸到髮稍收尾。

②五官依序畫出眼睛、眉毛、鼻子、嘴唇。

③先畫上一層膚底再加深層次色。

④完成彩妝上色。

■髮型繪畫與著色步驟解析圖

① 先用磚紅色畫上頭髮底色。

② 再加咖啡色分別畫出髮流。

③將色彩暈開溶合髮色。

④最後再使用色鉛筆畫出髮絲即可完成頭髮的表現。

■完成圖

斜側面頭向練習

■斜側面臉形畫法

頭型描繪是先以倒立蛋型輪廓做爲標準，臉部中心線因斜側角度畫在五分之二位置點，眼、鼻、唇分別在二分之一分法、四分之三、八分之一位置，如圖所示。

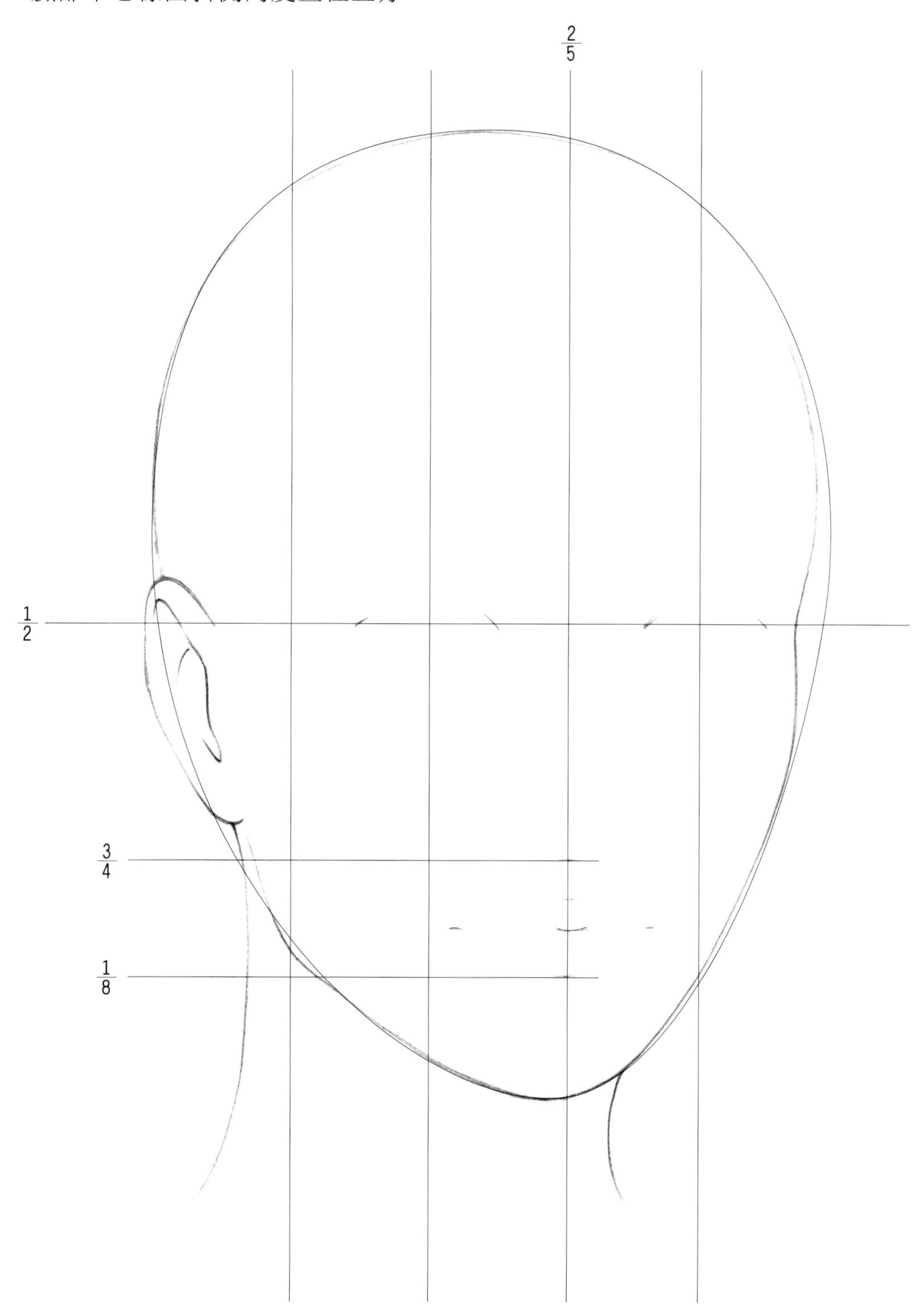

■斜側面五官的描繪步驟解析

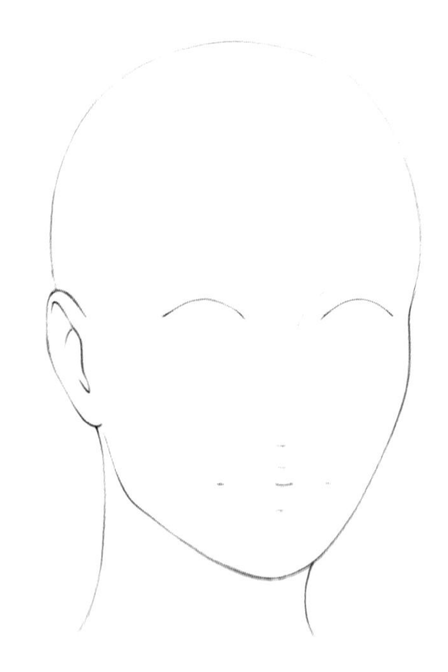

①
a.先標記五官位置點，畫出上眼線和雙眼皮線條。

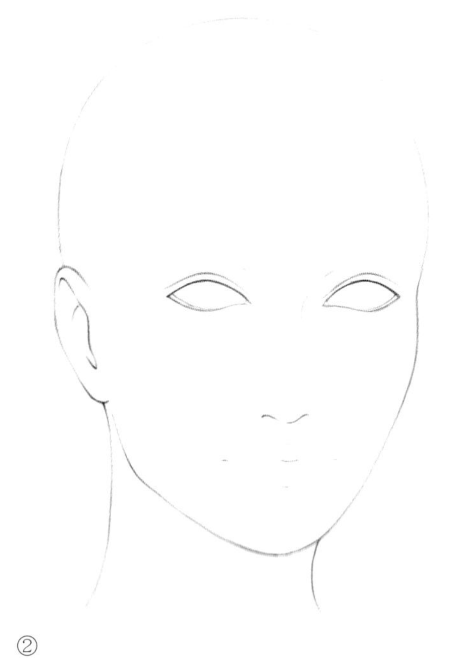

②
a. 從眼尾連接畫下眼線，完成眼形。
b. 鼻子先畫出鼻尖和鼻樑線。

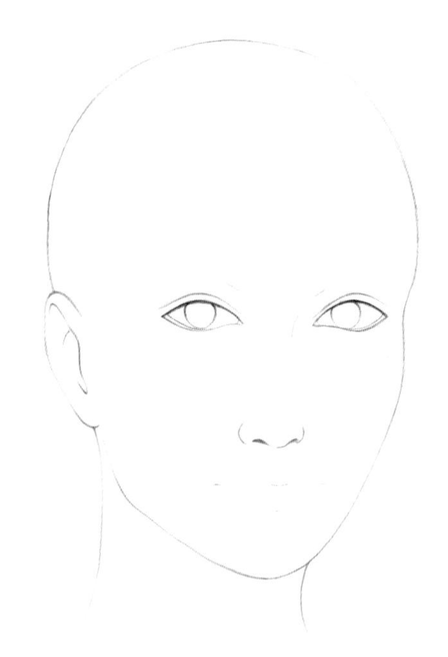

③
a.畫出圓形眼球、鼻子。
b.再畫出兩側鼻翼。
c.再畫出唇中心線。

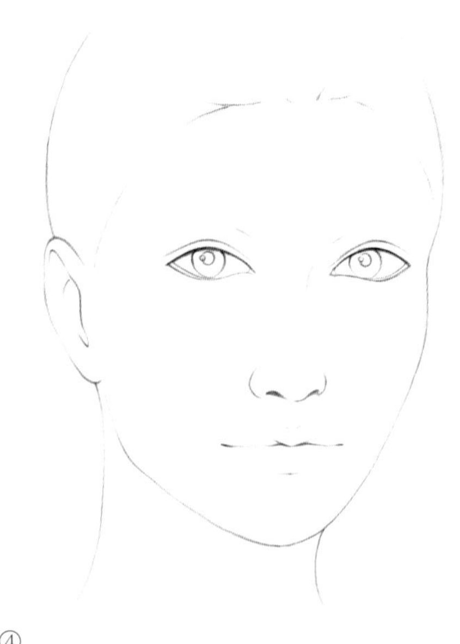

④
a.畫出瞳孔及受光點。
b.完成鼻型畫法。
c.畫出唇形。

■斜側面示範圖（線條稿）

■臉部繪畫與著色步驟解析圖

①先以髮分線爲基準點，畫出髮流走向，線條延伸到髮稍收尾。

②五官依序畫出眼睛、眉毛、鼻子、嘴唇。

③先畫上一層膚底再加深層次色。

④完成彩妝上色。

■髮型繪畫與著色步驟解析圖

① 先用磚紅色畫上頭髮底色。

② 再加咖啡色分別畫出髮流。

③ 將色彩暈開溶合髮色。

④ 最後再使用色鉛筆畫出髮絲即可完成頭髮的表現。

■完成圖

側面頭向練習

■側面臉形畫法

頭型描繪是先以倒立蛋型輪廓做爲標準，而五官比例則如圖所示。

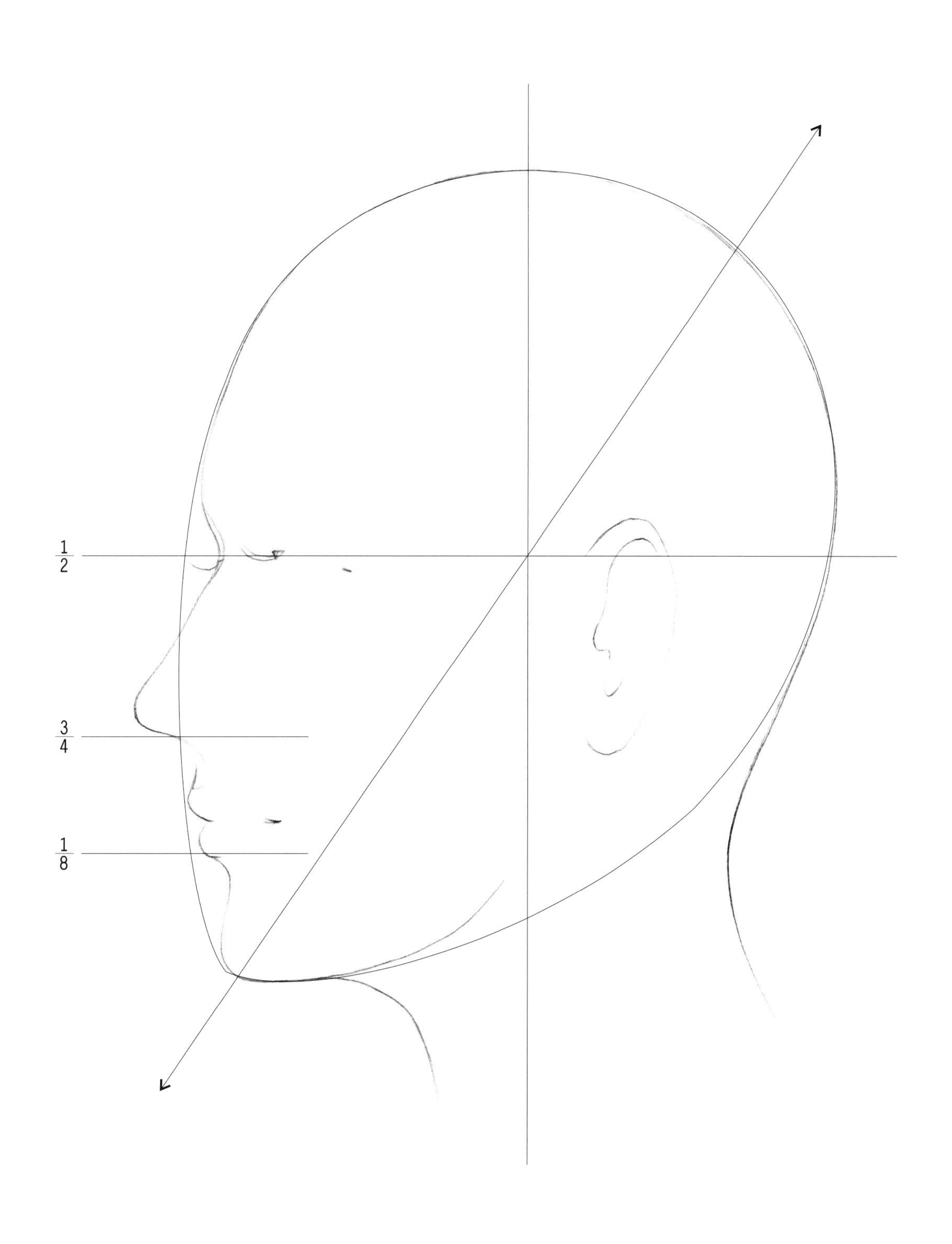

■側面五官的描繪步驟解析

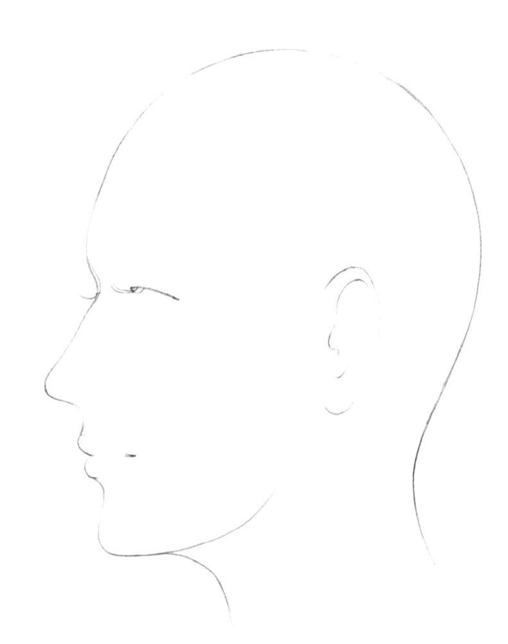

①

a.先標記五官位置點，畫出上眼線和雙眼皮線條。

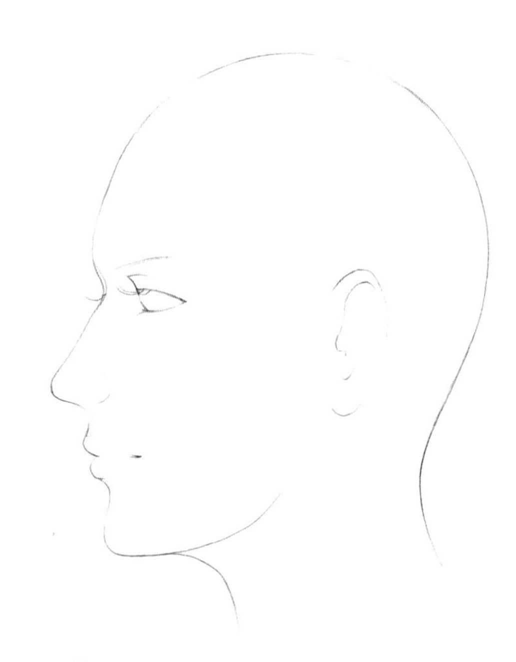

②

a. 從眼尾連接畫下眼線，完成眼形。

b. 鼻子先畫出鼻尖和鼻樑線。

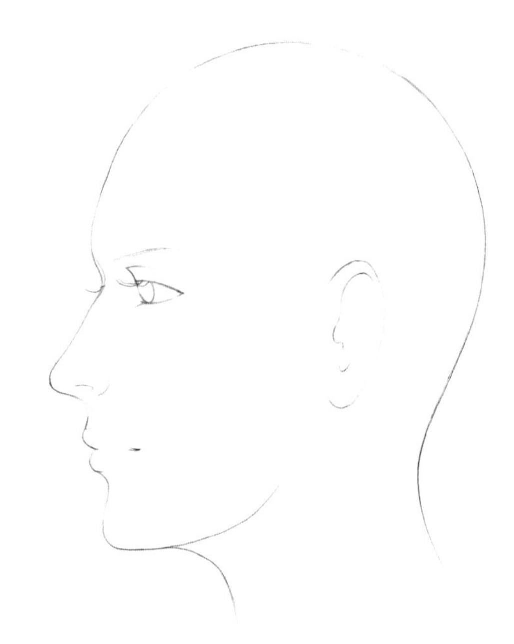

③

a.畫出圓形眼球，鼻子。

b.再畫出兩側鼻翼。

c.再畫出唇中心線。

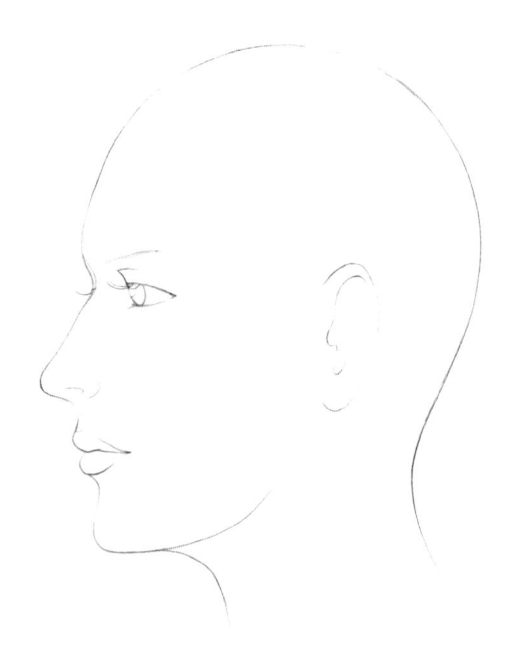

④

a.畫出瞳孔及受光點。

b.完成鼻型畫法。

c.畫出唇形。

■側面示範圖（線條稿）

■臉部繪畫與著色步驟解析圖

① 先以髮分線爲基準點，畫出髮流走向，線條延伸到髮稍收尾。

② 五官依序畫出眼睛、眉毛、鼻子、嘴唇。

③ 先畫上一層膚底再加深層次色。

④ 完成彩妝上色。

■髮型繪畫與著色步驟解析圖

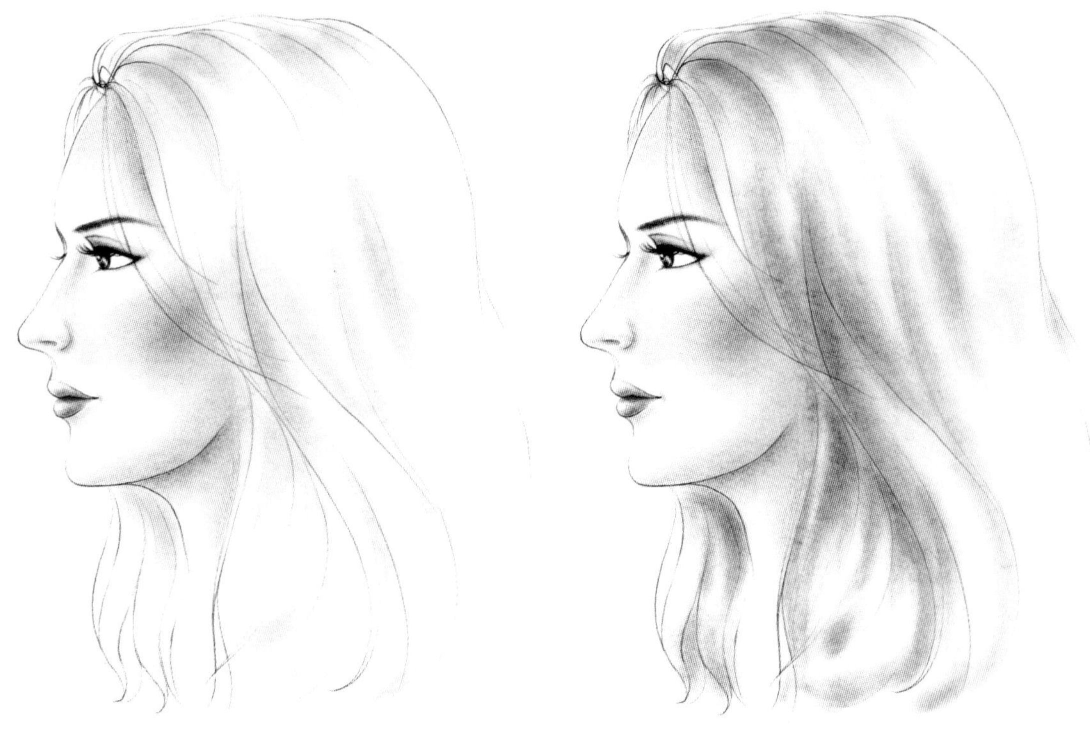

①先用磚紅色畫上頭髮底色。

②再加咖啡色分別畫出髮流。

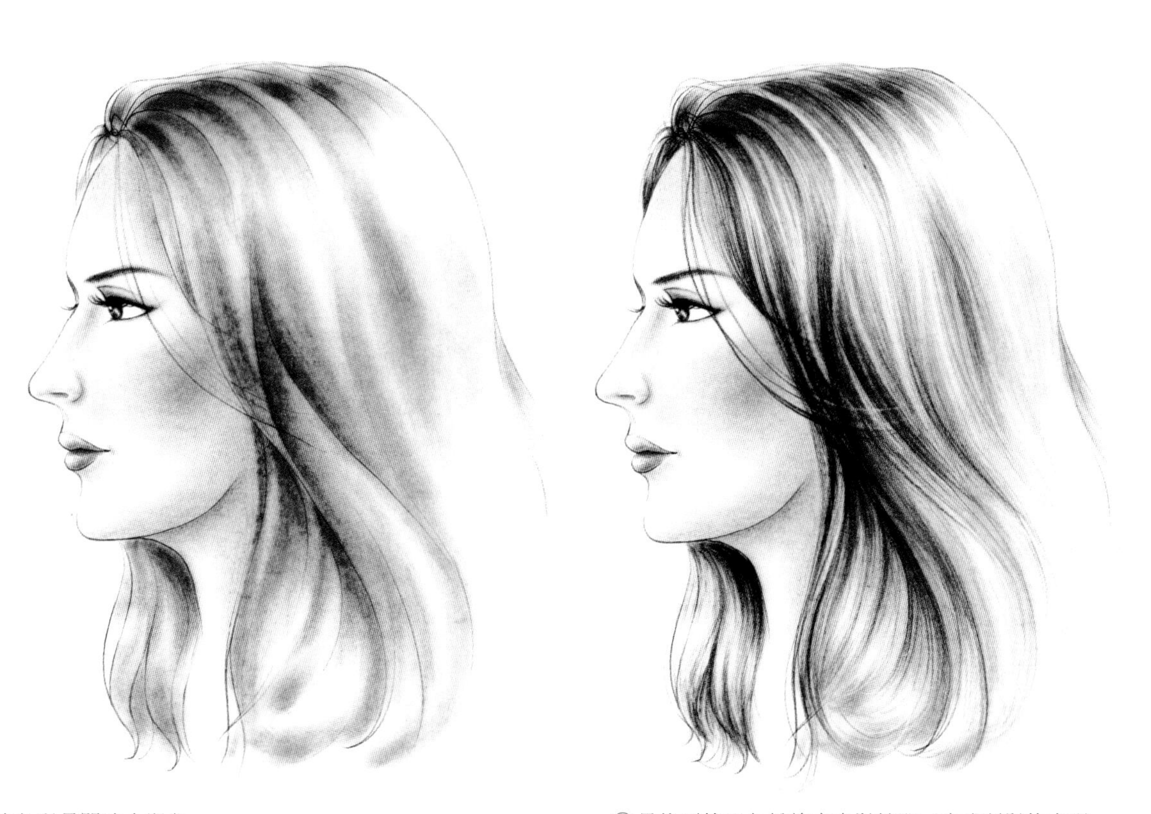

③將色彩暈開溶合髮色。

④最後再使用色鉛筆畫出髮絲即可完成頭髮的表現。

■完成圖

各式臉型輪廓線條的描繪

各式臉型輪廓線條的描繪

在完成以上基本五官與頭形練習之後，對於人的不同臉型表現、再細分有蛋型（標準型）圓形、菱形、長型、方型、倒三角形等六種臉型的輪廓線條，針對這些臉型比例來練習彩妝設計圖的修飾在此可運用留白和色階來表現於臉部的明暗區塊，以達到在紙圖上修容的效果和眼神表情及各式睫毛的描繪法。

蛋形臉型

圓形臉型

菱形臉型

長形臉型

倒三角形臉型

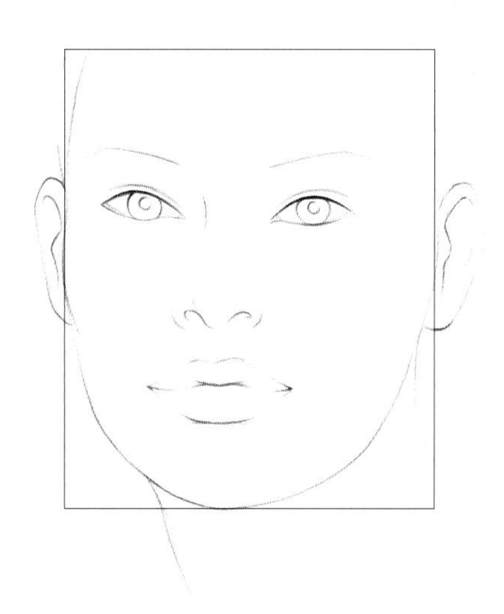

方形臉型

蛋形臉型

①蛋形輪廓線。

②延著輪廓修飾畫出其特徵臉型與五官、
眼睛朝往下看方向。

③蛋形爲標準臉型，著上彩妝顏色即可。

④眼睛朝下在睫毛畫法，上睫毛要往下略微勾勒出線條。

圓形臉型

①圓形輪廓線。

②利用輪廓線修飾畫出其圓形臉型特徵與五官。

③圓形臉上色修飾部份，在上額與下巴處留白，膚色畫在臉形線上，於兩頰及下顎再加上微暗的色階即可達到收縮整體圓潤的臉型。

④分株形的睫毛畫法。

菱形臉型

①菱形輪廓線。

②利用輪廓來修飾畫出菱形臉特徵與五官表現。

③菱形臉的角度較多且 明顯，將T 字部位留白，色階不宜加深在顴骨下方，宜在下顎兩側加色階來柔化臉形線條。

④一般式的睫毛畫法。

長形臉型

①長形輪廓線。

②利用輪廓線修飾畫出其長形臉特徵與五官表現。

③長形臉在修飾部份，除了T字部位留白之外，要將色階畫在上額際與下巴之處，用視覺效果減短其長度，柔化較剛硬之線條。

④ 強調眼尾(前短後長)加長型的睫毛畫法。

方形臉型

①方形輪廓線。

②利用輪廓線條來修飾，畫出方形臉特徵，五官眼睛爲往上看的方向。

③方形臉上色修飾部份T字部留白，將暗色階畫在臉際兩側，塑造臉形比例拉長的視覺感，於下顎兩邊再畫上色階以柔化其較剛毅的外觀線條。

④交叉式濃密的睫毛畫法。

倒三角形臉型

①倒三角輪廓線。

②利用輪廓線，修飾畫出倒三角臉型特徵，與五官表現。

③倒三角臉上色修飾部份，同樣T字部位留白，因額頭較寬故將色階畫在上額兩際邊，下額與下巴處以較明亮膚色來打底。

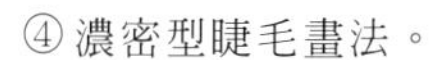

④濃密型睫毛畫法。

●完成各式臉型彩妝的修飾表現。

髮型基本概念與畫法

髮型基本概念與畫法

髮型是依各種不同的臉型比例和頭形輪廓等要素所設計出來的頭髮樣式，隨著時尚潮流趨勢，髮型設計在整體造型中已是非常重要的一環！要如何掌握髮型畫法，首先必須觀察頭髮的順理方向，也就是所謂髮流與層次，其次就是運用Ｃ與Ｓ線條勾勒，來描繪出髮絲精細的線條。爲了讓初學者更易於了解各式髮型的畫法，在本單元中特地運用前章節裡各種臉形來示範，搭配了髮型設計後如何修飾臉形與頭形的部分缺點，藉以展現出各種獨特髮型樣式的造型及風格！

頭髮的基礎畫法

頭髮的描繪著重於筆觸的順暢度、線條輕重的運用和比例的正確性，此外更要掌握光線來源方向，以表現受光和陰暗調子，如此方能呈現髮絲的柔順性與光澤感！

髮流描繪方式

以髮分線基準點，順著頭形輪廓線自然延伸垂下，所形成的弧線即爲髮流的動向，而每種髮型都有其不同的髮流走向，線條分割畫出髮流的層次之後，才能有效掌握住髮型的描繪。

●頭髮與髮流的構圖線條。

●完成髮絲與光澤感的繪畫表現。

直髮型表現

●蛋形臉型

示範圖分析：

蛋形臉（標準型）適合各種髮型，有別於固定式直髮造型，在此髮尾設計是以不對稱的層次剪方式來呈現出直髮柔順中帶有獨特魅力！

■直髮型的線條構圖

直髮的線條構圖以旁分髮線爲基準點，分別畫出髮流方向，髮尾兩側畫出不對稱設計，較長一邊髮稍的線條描繪要收筆，形成有層次的髮絲效果！

■直髮型的繪畫用色

頭髮底色爲酒紅色，疊上暖咖啡色彩，於髮流之處再畫上深咖啡色以形成頭髮的層次，用色鉛筆來細描髮絲，最後再用黑色加深頭髮陰暗處，再使用橡皮擦擦出髮中的光澤度，即可完成直髮的表現畫法。

編髮髮型表現

●圓形臉型

示範圖分析：

　　可愛的圓形臉型因臉的長與寬度比較沒差別，可利用頭髮來增高臉形長度比例，編髮設計可塑造出其視覺效果！

■編髮的線條構圖

編髮的畫法，首先必須要設定好其方向，將看似複雜的構圖，簡化爲人字交叉式線條，由起點開始順序畫出服貼於頭形弧度的層次髮編效果！

■編髮型的繪畫用色

頭髮底色爲暖棕色，畫好之後加上咖啡色塗抹於髮流之中融合色彩，接著使用這兩色的色鉛筆來描繪出髮絲，最後再用黑色畫出頭髮層次，並用橡皮擦擦出頭髮的光澤即可！

不對稱髮型表現

示範圖分析：

比較有角度的菱形臉型，以不對稱線條設計，讓瀏海自然斜垂到臉頰下，以柔化其多邊線條，具有獨特摩登時尚之美！

●菱形臉型

■不對稱髮型的線條構圖

先順著頭形勾勒出髮型的輪廓，瀏海線條自然斜垂，輪廓要畫出瀏海髮稍線條，之後再分別畫分出髮流。

■不對稱髮型的繪畫用色

除預留挑染部位，頭髮底色先畫上淺灰色，加深髮流依序使用中灰色，再到深灰色至黑色。瀏海挑染分別爲紅、藍再紫色，繪畫時要留意避免將顏色混濁！最後使用色鉛筆來描繪髮絲即可完成作品。

波浪捲髮型表現

●長形臉型

示範圖分析：

　　較爲長形的臉型，在髮型設計上可以用瀏海造型來修飾其臉部長度上的比例。

■波浪捲髮型的線條構圖

從髮中基準點順著分畫出髮流層次，瀏海長度至眉毛上方，波浪捲的描繪手法以Ｃ加Ｓ的曲線，可表現出其捲髮的律動式線條。

■波浪捲髮型的繪畫用色

棕灰色度所畫出來具有輕巧感的髮色，底色爲棕色，之後在髮流層次裡加上中灰色，最後用棕和灰色的色鉛筆依序畫上髮絲即可。

層次髮型表現

●方形臉型

示範圖分析：

運用層次線條來繪畫出髮頂端蓬鬆的自然感，藉以呈現短髮型的獨特個性！

■層次髮型的線條構圖

以髮頂中心點分畫出髮流，髮尾自然向上伸展，可營造由髮蠟抓塑出來的立體效果！形成一款具有流線又俏麗的短髮型。

■層次髮型的繪畫用色

以流沙金來呈現的層次剪髮色，是先用淡黃色打底，再選棕色來畫上第二層髮色，描繪髮絲之後，再以咖啡色加上黑色來加深頭髮最深的層次表現，即可完成髮型著色。

捲髮型表現

●倒三角臉型

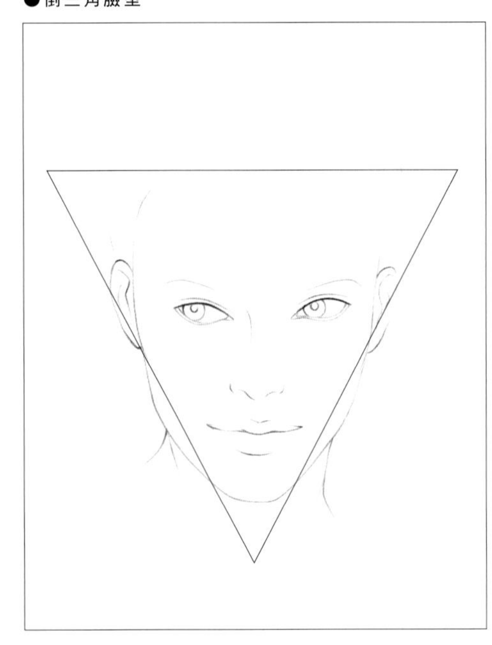

示範圖分析：

　　有別於波浪式髮型畫法，捲髮的線條勾勒較偏向以混合於不同粗細捲度的線條來表現。

■捲髮的線條構圖

以髮頂中心點分畫出髮流，髮尾自然向上伸展，可營造由髮蠟抓塑出來的捲度效果！形成一款具有流線又俏麗的中長度短髮型。

■捲髮型的繪畫用色

偏亞麻綠的顏色，以淺黃綠色打底，加上棕色與深灰色來畫頭髮層次，再用色鉛筆描繪髮絲和髮尾的微捲度線條，使這款中長髮型帶有些凌亂式的捲度更增添女性的柔魅感。

彩妝畫的色彩

彩妝畫的色彩

色彩的魅力是無限寬廣且多彩多姿的，要成就時尚的色彩配色，除了基本色彩理論的學習外，更要透過觀察自然界因氣候與時間轉化產生的協調與和諧的色彩美感，來提升個人的色彩使用能力、拓展使用色域範圍，讓色彩的表現更加靈活、生動 。

配色得宜能予人視覺上的美感，不論是和諧或對比色調等用色，只要掌握色彩屬性就能延伸變化出各種不同色系的搭配與組合，以達到整體上的妝飾效果！在本單元中將就色彩基本概念、色彩屬性、色相環、流行色彩的配色應用與聯想，和實例用色表現做概述。

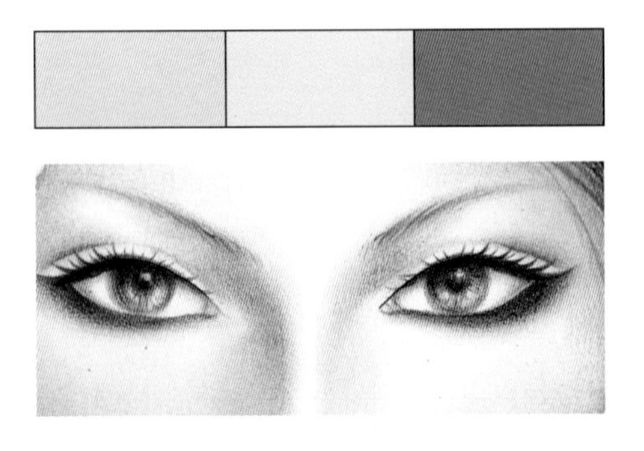

●冷色加暖色眼影搭配

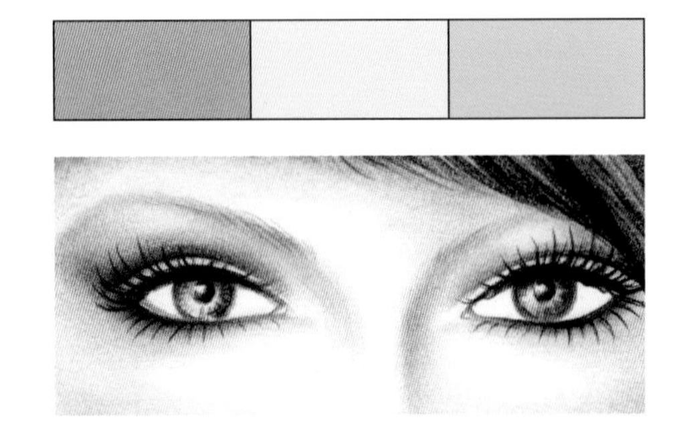

●多色眼影搭配

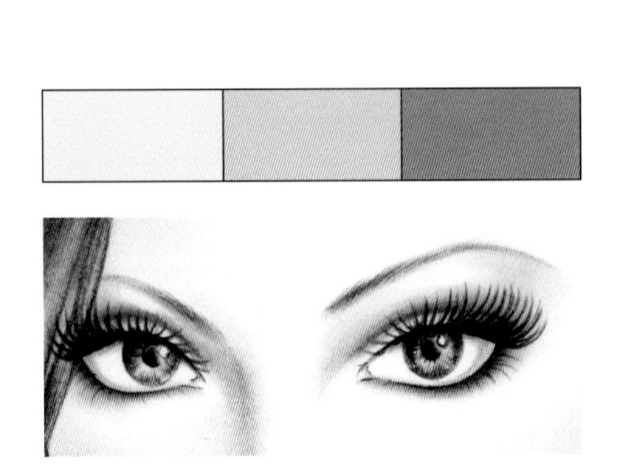

●暖色調眼影搭配

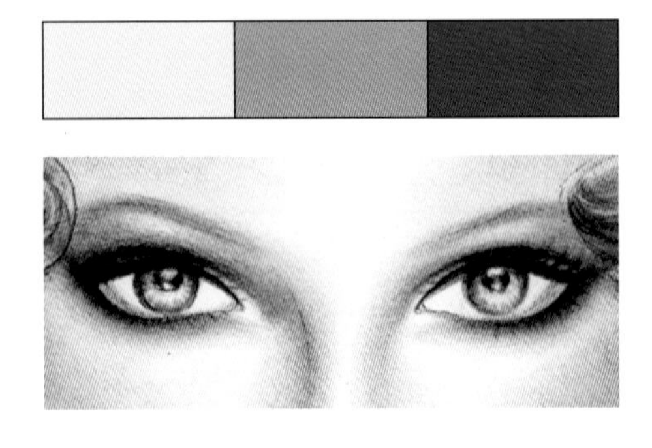

●冷色調眼影搭配

色彩基本概念

■色彩屬性

認識色彩必須從瞭解色彩的性質開始，也就是構成色彩的基本要素。根據學者研究，認爲色彩具有三種重要的性質，即色相、明度和彩度，稱爲色彩的三屬性 。茲就此三屬性說明如下：

色相(Hue)

色相是指色彩的相貌，或是區別色彩的名稱，如紅、黃、藍等。

人在出生時，必先命名以便大家稱呼，同樣地，人類在使用色彩之初，對每一種顏色也有一定的稱呼，因此每種顏色就像人一樣，都有一個名稱，如紅、綠等。而要提高對色彩判斷的敏感度、增加對色相變化的認識，就必須先認識各色相的名稱，然後記憶色名，再依色票的顏色，以顏料調出相似的色彩，如能完全無誤的複製整本色票，將對初學者有極大的幫助。

明度(Value)

明度是指色彩明暗的程度。每一種色光都有不同的明暗度，如明亮的黃色光或深暗的黃色光；同樣地，每種顏色也有不同的深淺，如深藍色或淺藍色等，這種區別色彩明暗深淺的差異程度，就是所謂的「明度」。色彩的明度與光線的反射率有關，反射較多時，色彩較亮，明度較高；反之，吸收光線較多時，色彩較暗，明度較低。

彩度(Chroma)

彩度是指色彩飽和的程度或色彩的純粹度。純色因不含任何雜色，飽和度及純粹度最高，因此，任何顏色的純色均爲該色系中彩度最高的顏色。而純色一旦混合其他顏色，不論白、灰、黑或有彩色，都會降低其彩度，混合愈多，彩度愈低。

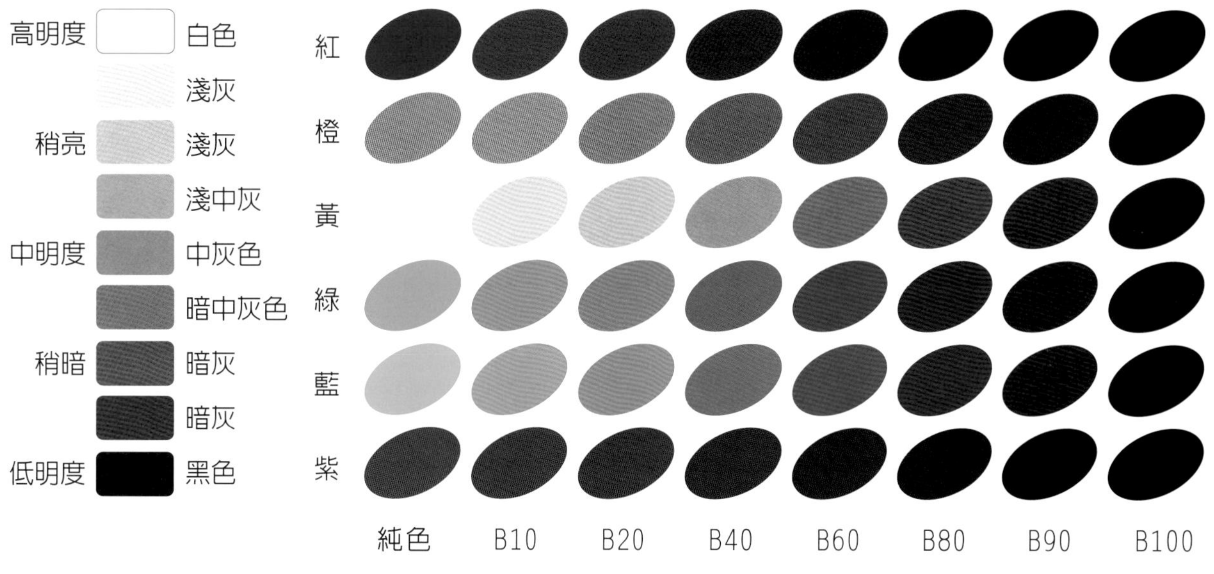

●明度的階段(9階)。　●不同色彩的明度變化。

■色相環

光線透過三菱鏡會出現紅、橙、黃、綠、藍、紫等色彩光譜，而這六色便是色彩系統中用來分類的基本依據。將紅、橙、黃、綠、藍、紫排成一環狀，紅綠、橙藍、黃紫在直徑兩端相對位置的色彩互爲補色，是最基本的色相環結構。一般常用的色彩系統，就是將其主要的表色色彩，依這種方式排列成色彩系統的色相環，以做爲色彩及配色的依據。各種不同的色彩系統，所排定的色相環雖然不同，但基本上都是以紅、橙、黃、綠、藍、紫爲主色，各色間排入不同的中間色，其中最基本的就是「伊登十二色相環」。其是以紅、藍、黃三原色加上三色兩兩互調的二次色：橙、綠、紫，再加上三原色與二次色兩兩互調的第三次色：紅橙、黃橙、黃綠、藍綠、藍紫、紅紫，排列成十二色相環。

■冷色與暖色

在色相環中，以黃綠和紫色兩個中性色爲界，紅、橙、黃等爲暖色，綠、藍綠、藍等爲冷色。暖色會產生激勵、奮發、溫馨的感覺，是積極的「外向型」，具有密度高、重量感、前進感等特色。冷色則有鬆弛、優柔、冷靜的感覺，屬於消極的「內向型」，呈現出密度低、重量輕、後退感的特色。以彩度而言，彩度愈高愈趨暖和感。另外明度高的色彩有涼爽感，明度低的有暖和感。以物理學分析，淺色反射熱量，吸熱少，故有涼爽感，反之暗色則有暖和感。一般夏季的彩妝都是以淺色系爲主冬季彩妝則以深色系爲主就是反應此道理。

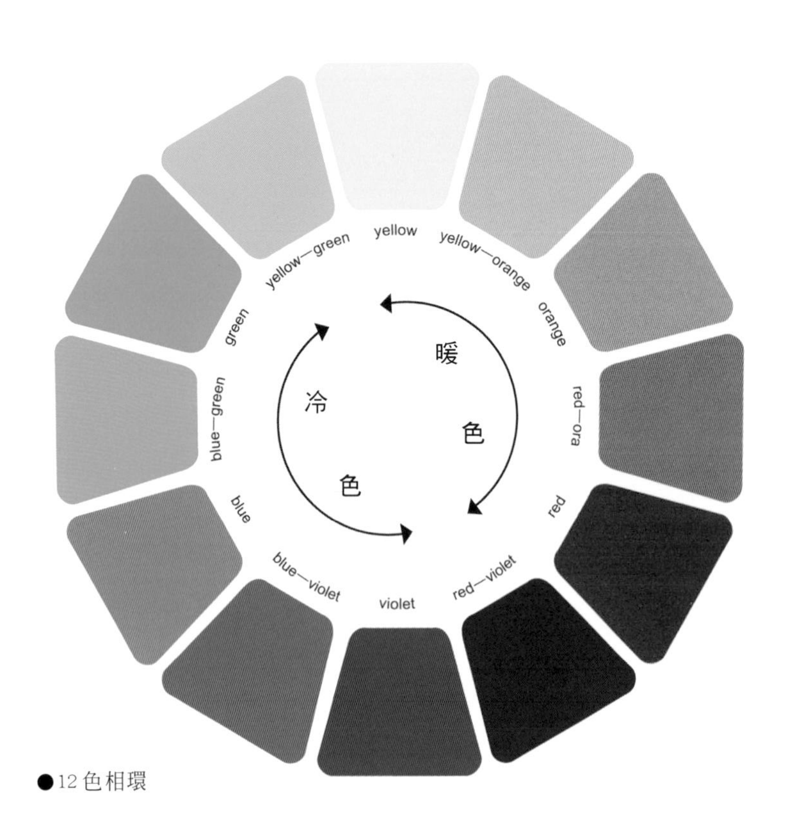

●12色相環

流行色彩的配色應用法

色彩是一種語言，也是一種感情上的表達，對感覺的影響是多方面的，善用色彩搭配會帶給人視覺上的不同享受，也就是說色彩不僅對視覺發生作用，同時也影響到其他的感覺器官，例如黃色使人聯想到酸的感覺；綠色給人清新、健康的感覺，其他如柔軟的色彩是觸覺，很香的色彩是嗅覺，聽音辨色是聽覺等，都可證明色彩對人類心理及生理的影響是如此的複雜與多樣。色彩具有影響感覺的各種因素，所以必須瞭解色彩感覺是如何影響心理，進而在實際應用色彩時，才能利用色彩感覺營造出所需的效果。

■膨脹色與深邃色

色彩具有膨脹或收縮的視覺效果。一般而言，前進感的暖色具有擴散性，看起來會比實際大，所以稱爲「膨脹色」。而後退感的冷色則有收斂性，看起來比實際小些，故稱爲「收縮色」。在彩妝設計上，如能妥善的利用色彩膨脹與收縮形成深邃特性，將可以修飾眼型比例等效果。

■輕色與重色

色彩能賦予人或物體有輕重感。一般來說，明度愈高感覺愈輕，明度愈低感覺愈重；彩度愈高或愈低時，感覺愈重，中彩度時較輕；暖色系的色彩較重，冷色系的色彩較輕。

●膨脹色

●深邃色

●淡輕色

●重深色

■柔和色與堅硬色

因「明度」及「彩度」的不同，也會使色彩產生柔和或堅硬的感覺。柔和感覺的色彩通常是明度較高、彩度較低的顏色；反之，使人感覺堅硬的色彩，通常都是明度較低，彩度較高的顏色。

■華麗的色彩與素雅的色彩

色彩感覺也有華麗與素雅之別，這主要與「彩度」有關。彩度愈高感覺愈鮮豔、華麗；而明度對色彩的華麗與素雅感影響較小，但明度高的色彩，還是比明度低的色彩感覺來得華麗。就色調而言有鮮豔、華麗的感覺，而灰暗、低明度及鈍色調則有樸素感。

●柔和色

●堅硬色

●華麗色

●素雅色

■興奮色與沈靜色

「興奮色」是指會引起觀者興奮感的顏色，如：紅、橙等色，而「沈靜色」則是指會使人有沈靜感的顏色，如藍、藍綠等色。而既不屬於興奮色也不是沈靜色的色彩則稱爲「中性色」，如綠色與紫色，其是兼具興奮與沈靜兩方面性質的顏色。大致而言，暖色屬於興奮色，而冷色屬於沈靜色。其中紅橙色爲最興奮色，而藍色則爲最沈靜色。

■爽朗色與陰鬱色

除了上述多種色彩感覺外，還會因「明度」的高低而產生爽朗與陰鬱的色彩感覺。一般而言，明度愈高的色彩愈具爽朗感，而明度低則呈現出陰鬱感。此外，無彩色的白同樣具有爽朗感，黑色則有陰鬱感，而灰色是中性色。

●興奮色

●沉靜色

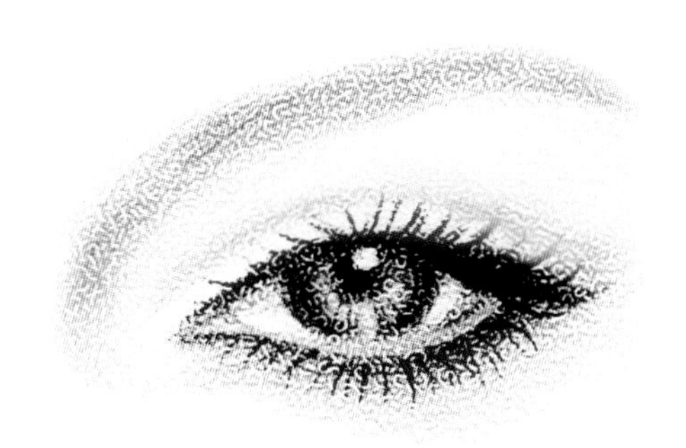

●爽朗色

●陰鬱色

實例用色表現

色彩是不能單獨存在的，因爲看某一色彩時，必定會受該色彩周圍的色彩所影響，而產生比較的關係。當兩種以上的色彩放在一起，彼此互相共鳴而不會有衝突感時，即爲「調和」。配色是有目的性的色彩應用作業，其除了要根據設計者個人的色彩感覺，及對色彩的詮釋外，還要考慮到色彩的使用時機及色彩的機能。配色主要是傳達某種色彩感覺，也就是說，配色時固然要對色彩理論有深入的瞭解，但是基本上還要與實際的色彩感覺、色彩經驗相結合，才能成就完美的配色。

■時尚彩妝配色

色彩配色的形式眾多，且每一配色方式均產生不同配色效果，給人不同的感覺，所以要做好色彩配色，首先要對配色的形式有所瞭解，如此才可以針對需求與主題的特色做出絕佳的配色。以下茲就常見的同一色相配色、類似色相配色、對比色相配色及互補色相配色做一簡單的介紹。

同一色相的配色：

同一色相的配色是將某一色相加黑、加白或加灰而成的深淺色彩所構成的配色，也就是在色相環或色票上，同一色相所包含的各種色調，彼此組合而成的配色。此種配色完全是單一色相的變

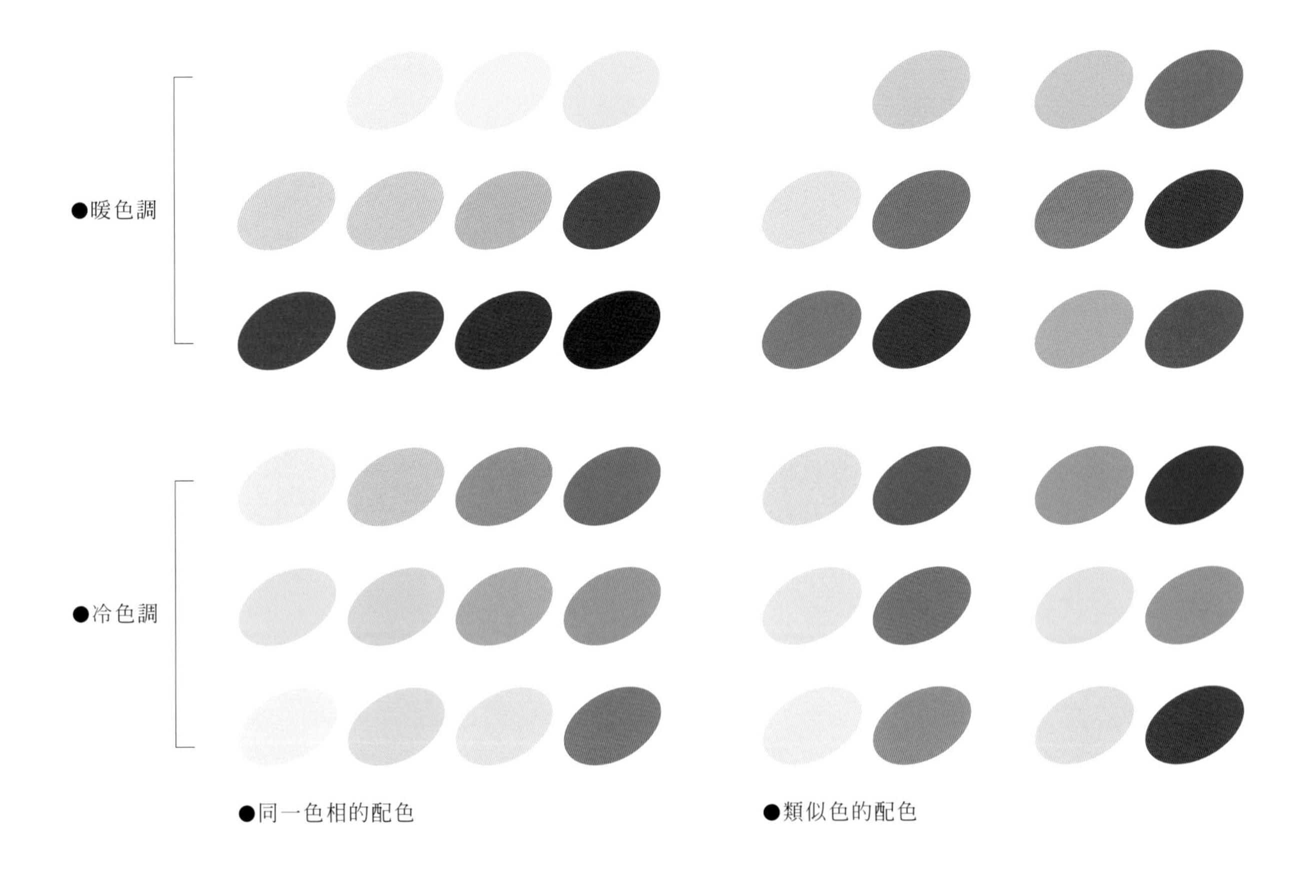

●同一色相的配色　●類似色的配色

化，使人感覺穩定、溫和，是統一性很高的配色，但若色彩間的差異性太小時，會顯得單調而枯燥，所以必須在明度及彩度上加以變化，才能得到良好的配色效果。

類似色的配色：

類似色相的配色是相同種類的不同色相，在色相與色相之間具有某些共通性或類似性，因此容易產生具有統一性及穩定感的配色。類似色的色相範圍不像同一色相那樣狹窄，因此在色彩的運用上可以做適當的變化，展現比同一色相配色更活潑、富朝氣的效果。

對比色的配色：

對比色相的配色具有活潑、明快的感覺，因色相其有明顯的對比關係，若再使用高彩度，很容易產生強烈對比，故應於兩色相之一的明度或彩度上加以變化，或是由面積比例來得到調和的關係。

互補色的配色：

位於色相環上直徑的兩端，互成180度的兩色配色，也就是冷色與暖色的配色，是對比最強烈的配色，若不加以控制，容易產生眩目、喧鬧等不調和的感覺。反之，因爲補色其有完整的色彩領域，若配色的關係良好時，可以得到清晰、漂亮、活潑的色彩效果。

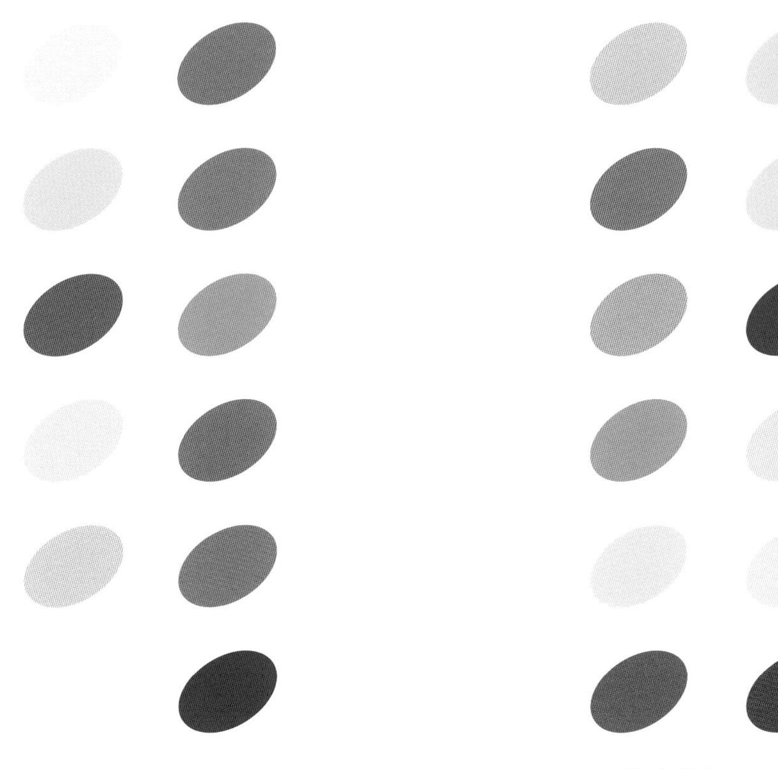

●對比色的配色　　●互補色的配色

●時尚彩妝的色彩應用配色（彩妝設計圖）

彩妝設計圖示範

■彩妝設計圖表現 A

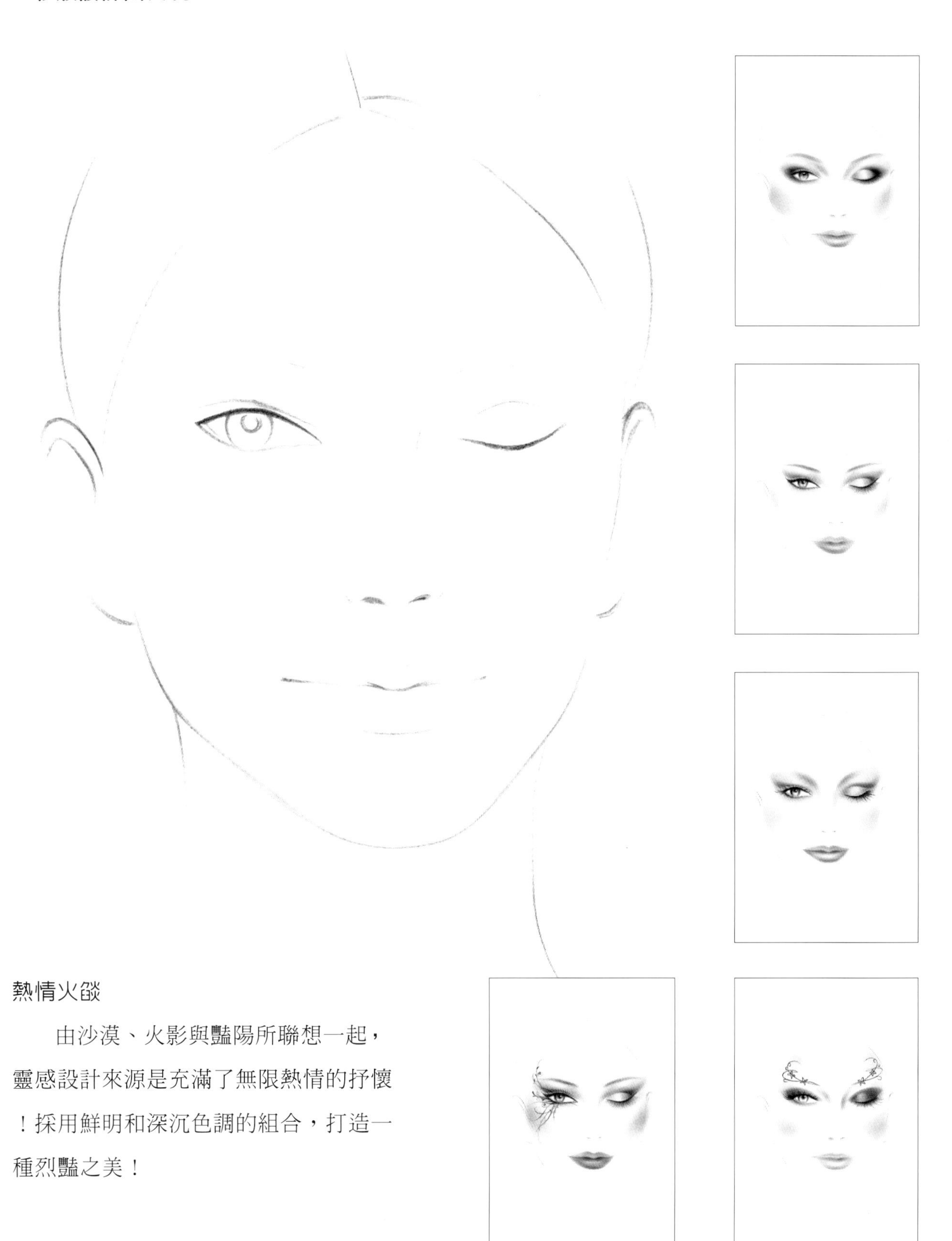

熱情火燄

由沙漠、火影與豔陽所聯想一起，靈感設計來源是充滿了無限熱情的抒懷！採用鮮明和深沉色調的組合，打造一種烈豔之美！

熱情火燄 1

眼影：嫩黃色、粉橘色、金沙棕、咖啡色、黑色

腮紅：粉橘色

唇彩：純豔橘

熱情火燄 2

眼影：嫩黃色、粉橘色、紅棕色、深咖啡色、黑色

腮紅：粉橘色

唇彩：豆沙橘

熱情火燄 3

眼影：鮮黃色、金耀黃、明橙色、金色棕、黑色

腮紅：粉膚色

唇彩：粉紅橘

熱情火焰 4

眼影：粉橘色、火紅橘、紅棕色、深咖啡色、黑色

腮紅：粉橘色

唇彩：金沙橘

熱情火燄 5

眼影：嫩黃色、粉橘色、紅棕色、深咖啡色、黑色

腮紅：粉橘色

唇彩：蜜棕紅

■彩妝設計圖表現 B

摩麗美睫

由以夢幻蕾絲和瑰麗羽毛爲發想，打造出造型睫毛的整體配飾效果！手繪時筆法要順著眼線弧度根根分明來畫，如要表現濃密感則可依序再重覆其線條即可！

摩麗美睫～蕾絲造型

眼影：夢幻粉紅、粉紅紫、夢幻水藍、碧湖綠、黑色

腮紅：粉嫩紅

唇彩：蜜桃紅

摩麗美睫～密彩睫毛

眼影：粉綠色、蜜桃色、粉紫色、深古銅、黑色

腮紅：蜜桃膚

唇彩：漾紅

摩麗美睫～羽式睫毛

眼影：粉綠色、淺青色、青色、黑色

腮紅：粉膚色

唇彩：橙紅色

摩麗美睫~濃密交叉睫毛

眼影：嫩黃色、蜜桃色、淺咖啡色、黑色、藍色、深藍色

腮紅：粉膚色

唇彩：粉橘色

摩麗美睫～羽絲造型

眼影：亮粉紫、灰粉紫、深紫色、深咖啡色、黑色、亮粉藍

腮紅：粉紅色

唇彩：玫瑰色

■彩妝設計圖表現 C

視覺物語

融入孔雀、野狼、豹和貓為主題，強調其動物造型特徵，繪畫出具有媚惑與神秘狂野萬種眼神，來營造獨特時尚動物系列的百變魅力妝彩！

視覺物語～孔雀彩妝用色

眼影：鮮黃色、粉嫩紅、蘿蔓紫、淺碧綠、湖水藍、黑色

腮紅：粉膚紅

唇彩：珊瑚橘

視覺物語～野狼彩妝用色

眼影：裸膚色、棕黃色、咖啡色、銀灰色、黑色

腮紅：粉橘色

唇彩：豆沙橘

視覺物語～豹型彩妝用色

眼影：亮黃色、粉米色、中褐色、黑咖啡色、黑色

腮紅：粉膚色

唇彩：橘紅色

視覺物語～貓型彩妝用色

眼影：銀灰色、中灰色、亮米色、深灰色、黑色

腮紅：亮粉色

唇彩：深玫瑰紅

視覺物語～狐狸彩妝用色

眼影：灰粉紅、銀光紅、銀灰紫、黑銅色、黑色

腮紅：粉米色

唇彩：櫻桃紅

■彩妝設計圖表現 D

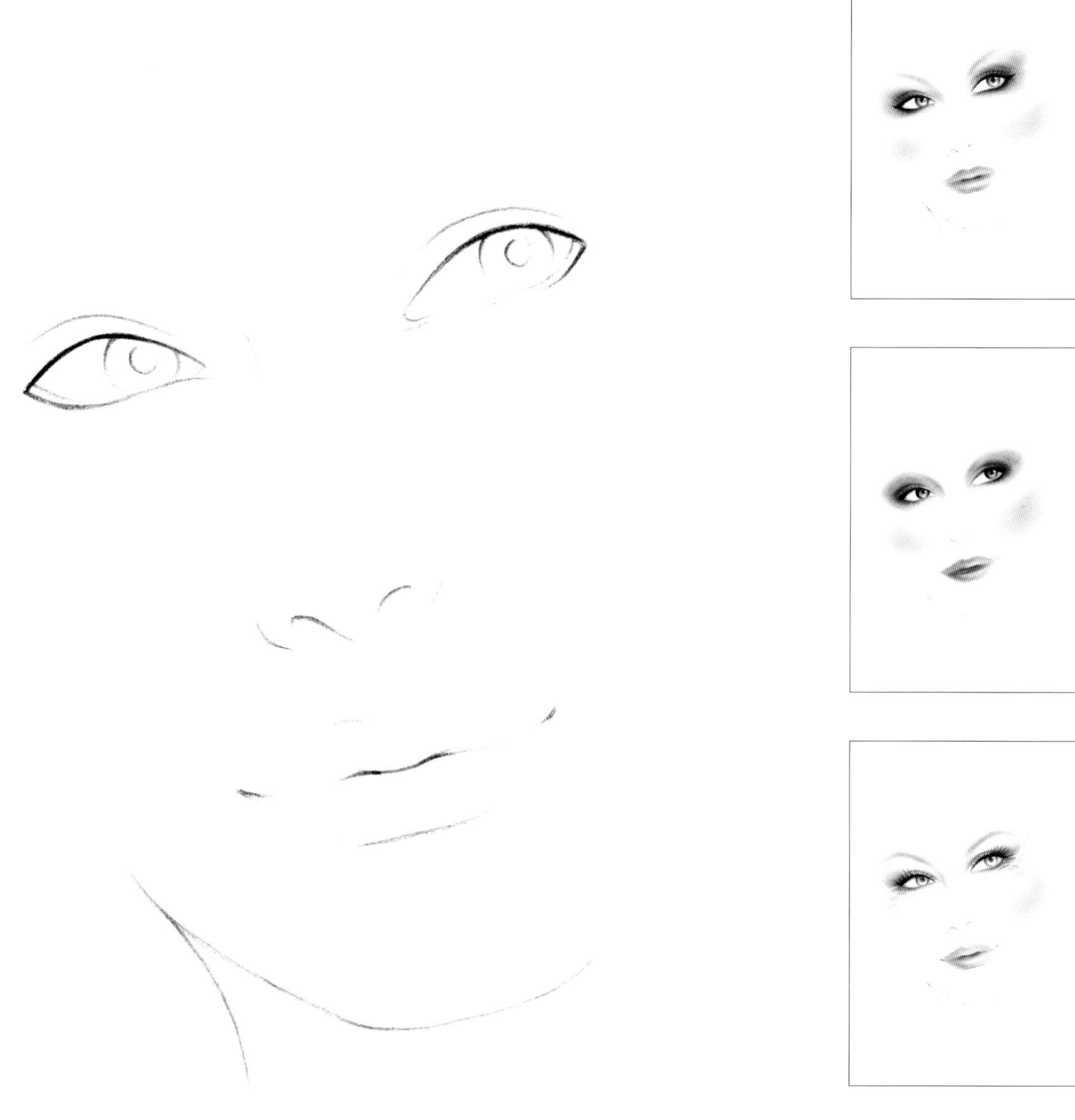

霓彩新姿

將彩虹七彩顏色應用到眼妝的表現上，強調出繽紛亮麗之感，可巧妙利用漸層重疊融合出來的顏色，創造豐富的多彩色使用搭配。

霓彩新姿1

眼影：粉黃色、亮橘色、桃紅色、粉紫色、深紫色、亮天空藍、黑色

腮紅：粉紅色

唇彩：亮粉橘

霓彩新姿 2

眼影：亮黃色、亮橘色、桃紅色、粉紫色、亮天空藍、亮綠色、黑色

腮紅：粉膚色

唇彩：亮粉紅

霓彩新姿 3

眼影：粉黃色、亮橘色、粉紫色、深紫色、亮翠藍、亮綠色、黑色

腮紅：粉膚色

唇彩：玫瑰粉紅

霓彩新姿4

眼影：亮黃色、亮橘色、黃綠色、深翠綠色、黑色

腮紅：粉膚色

唇彩：裸膚色

霓彩新姿5

眼影：嫩黃色、亮粉紫、亮紫色、亮粉藍、藍色、黑色

腮紅：粉紅色

唇彩：亮粉紅

■彩妝設計圖表現 E

睜綺荳豔

靈感取於瑰麗、神秘夢幻之玩味裝飾性組合，在這除了眼影用色外，再加上了手繪式畫法來反映出造型眼妝的獨特風格！

睜綺豈豔 1

眼影：亮桃紅、亮粉紫、銀灰紫、深黑紫、黑色

腮紅：粉紅色

唇彩：櫻桃粉紅

睜綺荳豔 2

眼影：粉米色、玫瑰金、中褐色、深咖啡色、黑色

腮紅：嫩橘色

唇彩：桃紅色

睜綺豈豔 3

眼影：嫩粉色、金黃色、粉蜜桃、中咖啡色、黑色

腮紅：蜜桃色

唇彩：裸蜜色

睜綺荳豔 4

眼影：粉玫瑰金、粉桃紅色、粉中褐色、咖啡色、黑色

腮紅：粉玫瑰色

唇彩：玫瑰金

睜綺荳豔 5

眼影：亮粉紅、亮粉紫、粉紫色、深紫色、黑色

腮紅：蜜桃粉紅

唇彩：粉紫紅

彩妝畫技法

彩妝畫技法

臉部彩妝的妝感，包括粉底、眼妝及唇彩等重點表現，而彩妝畫在紙上的彩妝技法方面，主要是運用各類畫筆工具，依序將彩妝做完整的著色表現。本單元將針對時下流行的彩妝，以繪畫方式示範步驟畫法和整體造型的呈現。

●多色煙燻妝

●單色裸妝

●造型彩妝

使用工具介紹

色鉛筆和粉彩是簡易又便捷的繪畫工具，因其色彩豐富，且與實際彩妝品、眼影彩盤的色彩相似，表現性佳，是繪製彩妝畫時的最佳使用畫材。以下就色鉛筆、粉彩和彩妝眼影彩盤的特性做簡要介紹外，將以多款彩妝畫爲例，逐步示範色鉛筆與粉彩的技法。

■色鉛筆的特性

有蠟質與粉質之分。蠟質油性畫材不但方便表現筆觸，更可將顏色互相重疊配色；而粉質可溶色鉛筆，除了具備與蠟質色鉛筆相同的特色外，更因本身具水溶性，可在著色後，再利用水彩筆沾水塗抹於顏色上，達到如水彩畫的效果。另外用於彩妝畫的表現上可與粉彩條和眼影彩盤溶合使用。

●水性色鉛筆

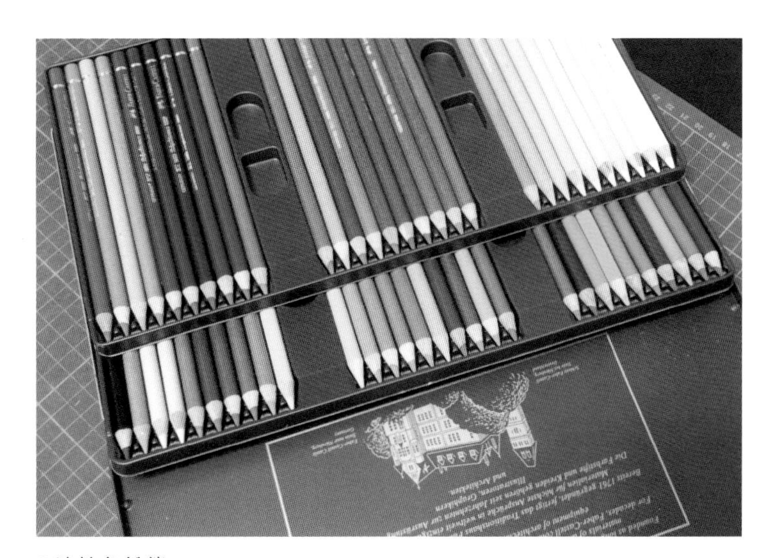

●油性色鉛筆

■粉彩條的特性

粉彩條材質細緻、觸感滑順、色彩豐富，除了有油性粉彩及水溶性粉彩兩種外，質地也有軟硬之分。其中質地較硬者彩度較低，質地較軟者，彩度相對較高。

在使用上首先要將粉彩條磨出些許細粉末，再以紙筆塗抹，如面積較大則可用手指、面紙或特殊粉彩毛刷塗抹，讓表現的效果更加柔和。此外，粉彩筆的筆觸細緻，所以最好選用質地細膩的紙張做表現。

●美術用粉彩條

■眼影彩盤的特性

一般攜帶型眼影彩盤大多以3~4色眼影盤爲主，以方便用色時的搭配使用性；在專業彩妝方面爲提升用色需求，市面上先後陸續推出多色彩盤以豐富在彩妝設計的妝彩表現。質地基本上也有分爲粉質（粉霧）與含油質（亮感）等種類。對於應用到紙圖繪畫上建議可選用粉質的彩盤，比較容易著色，顯色度也較好，它可與美術用品粉彩及色鉛筆等溶合使用，繪畫時不會產生刮粉的現象。

●多色眼影彩盤

●整體彩妝組合用品箱（粉餅、眼影、腮紅、唇膏）

■單色裸妝～色鉛筆示範

1. 線條構圖。

2.用膚色的色鉛筆先均勻畫上臉部皮膚底色。

3.在畫上頸部與手臂的膚色。

4.加深其美膚的色階。

5.再用咖啡色鉛筆，加強於陰暗色階。

6.完成膚色表現。

7.眼影畫法以淡黃色爲底加上銀灰綠。

8.畫上眼球基底藍色。

9.再以黑色來細繪出瞳孔與眼球邊緣即可。接著勾勒出上下眼線。

10.描繪出睫毛。

11.用咖啡色鉛筆畫出眉毛。

12.唇部先用膚色色鉛筆打底。

13.再用粉橘色加深於唇彩色階。

14.完成色鉛筆的彩妝表現。

15.頭髮底色以黃色打底。

16.髮流描繪以棕色來繪製。

17.髮流描繪步驟１.均勻畫出色彩。

18.髮流描繪步驟２.加強層次色。

19.編髮的挑染色（孔雀綠加粉紅紫）。

20.完成髮絲挑染的上色。

21.描繪髮絲。

22.最後再用黑色加深其頭髮的陰暗色階即告完成。

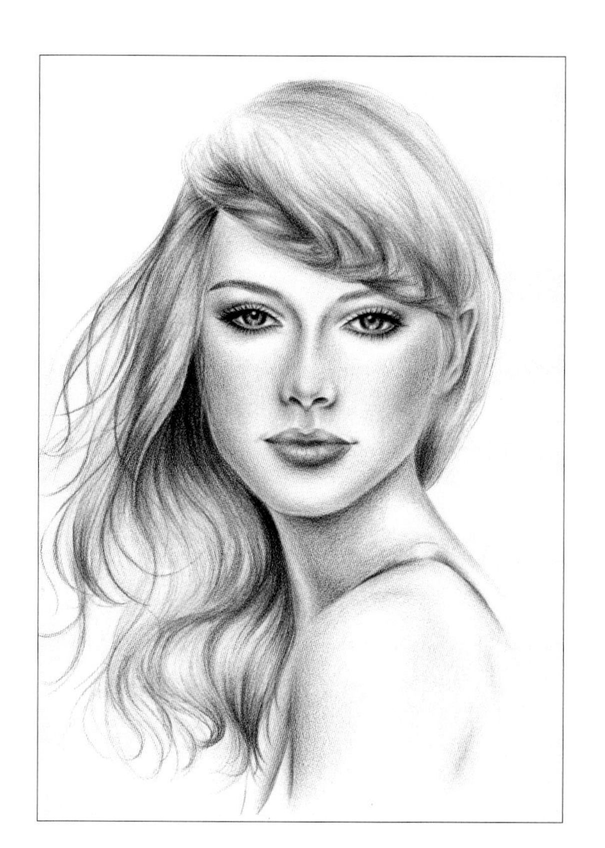

23.完成圖。

■多色煙燻妝~
粉彩和色鉛筆示範

1.線條構圖。

2.用膚色粉彩打底。

3.以深膚色粉彩畫上陰暗色階，並使用色鉛筆來修飾細節。

4.眼影顏色分別爲亮黃、粉藍和藍紫等顏色。

5.眼球畫上淺藍色。

6.用黑色色鉛筆加深瞳孔和眼球邊緣及眼影。

7.描繪出睫毛。

8.唇部底色（粉彩）。

9.疊上第二層唇彩（粉彩）。

10.以咖啡色的色鉛筆來修飾出唇彩的層次感。

11.完成粉彩加色鉛筆的彩妝畫表現。

12.頭髮上色,底色以淺咖啡色彩打底。

13.用深咖啡色粉彩畫上髮流層次。

14.以色鉛筆來描繪髮絲。

15.再加上黑色的色鉛筆來強調畫出頭髮最深髮絲色階。

16.描繪出前額的麻花髮辮，即告完成。

■造型彩妝~

眼影彩盤和色鉛筆示範

1.線條構圖。

2.先用彩盤的淺膚色打底。

3.再使用深膚色來畫出其色階。

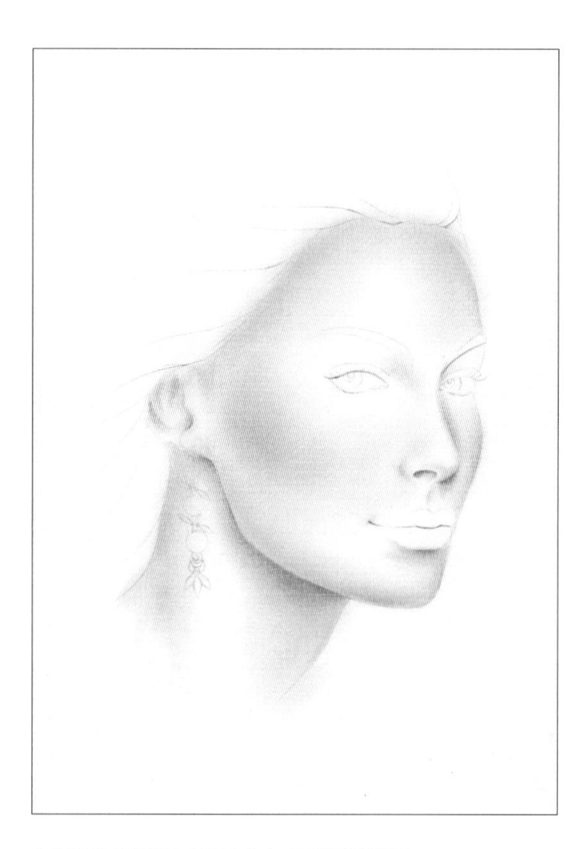

4.之後拿色鉛筆（咖啡色）畫出細節部位。

5.用眼影棒沾上咖啡色畫於上眼影，下眼影分別爲橘紅加粉紅色。

6.完成眼影的著色。

7.畫上眼球底色。

8.使用黑色的色鉛筆來精緻描繪瞳孔及眼球邊緣。

9.強調造型眼線勾勒。

10.描繪下眼線與睫毛。

11.畫出眉毛底色。

12.用咖啡色再畫出眉流。

13.用紫灰色加強髮流層次。

14.上唇彩是粉橘色，下唇彩則是粉桃紅色。

15.頭髮底色爲粉紫色。

16.用紫灰色加強髮流層次。

17.最後再使用深紫黑色畫出陰暗色階。

18.色鉛筆描繪髮絲，橡皮擦擦出光澤度線條。

19.用面紙捲成筆尖來畫耳環的珠飾。

20.完成珠子表現。

21.接著使用色鉛筆來繪製出鑲嵌於耳環上的寶石。

22.完成圖。

作品賞析

時尚整體造型彩妝畫 / 連禾著 . -- 二版 . -- 新北市 : 全華圖書 , 2018.08
面； 公分
ISBN 978-986-463-897-0(平裝)
1. 化粧術
425.4 107012489

時尚整體造型彩妝畫（第二版）

作　　者　連禾（連世婉）
發 行 人　陳本源
執行編輯　楊美倫
出 版 者　全華圖書股份有限公司
郵政帳號　0100836-1 號
印 刷 者　宏懋打字印刷股份有限公司
圖書編號　0817701
二版一刷　2018 年 8 月
定　　價　新臺幣 490 元
I S B N　978-986-463-897-0
全華圖書　www.chwa.com.tw
全華網路書店 Open Tech / www.opentech.com.tw
若您對書籍內容、排版印刷有任何問題，歡迎來信指導 book@chwa.com.tw

臺北總公司（北區營業處）
地址：23671 新北市土城區忠義路 21 號
電話：(02) 2262-5666
傳真：(02) 6637-3695、6637-3696

南區營業處
地址：80769 高雄市三民區應安街 12 號
電話：(07) 381-1377
傳真：(07) 862-5562

中區營業處
地址：40256 臺中市南區樹義一巷 26 號
電話：(04) 2261-8485
傳真：(04) 3600-9806

版權所有　翻印必究